高等职业技能操作与实训教材

电 焊 工

孙景荣　欧述生　主编

U0308489

化学工业出版社
教材出版中心
·北京·

图书在版编目（CIP）数据

电焊工/孙景荣，欧述生主编. —北京：化学工业出版社，2005.4（2020.1重印）
高等职业技能操作与实训教材
ISBN 978-7-5025-6883-2

Ⅰ. 电… Ⅱ.①孙…②欧… Ⅲ. 电焊-焊接工艺-技术培训-教材 Ⅳ.TG443

中国版本图书馆 CIP 数据核字（2005）第 029234 号

责任编辑：高 钰 陈 丽　　　　　文字编辑：韩庆利
责任校对：王素芹　　　　　　　　封面设计：潘 峰

出版发行：化学工业出版社　教材出版中心
　　　　　（北京市东城区青年湖南街 13 号　邮政编码 100011）
印　　装：北京科印技术咨询服务公司顺义区数码印刷分部
850mm×1168mm　1/32　印张 6¾　字数 177 千字
2005 年 6 月第 1 版　2020 年 1 月北京第 6 次印刷

购书咨询：010-64518888　　售后服务：010-64518899
网　　址：http://www.cip.com.cn
凡购买本书，如有缺损质量问题，本社销售中心负责调换。

定　　价：28.00 元

前　　言

为了满足高等职业院校学生实训的需要，提高技术工人实际操作技能水平，增强技术工人在科技飞速发展形式下的技术素质以及在市场经济体制下的竞争能力，我们编写了这套《高等职业技能操作与实训教材》丛书。

本书是依据原机械部、劳动部联合颁发的《职业技能鉴定规范》和《工人技术等级标准》的要求，结合国内各行业生产领域实际技术水平现状编写的。

本书可作为高等职业实训焊工的教材，也适用于从事焊接的工人自学。既能指导有一定基础的焊工提高技能，又可作为初学者的入门读物。书中内容通俗易懂，由浅入深，针对性强，特别注重实际操作技能训练；对操作技能相关的知识，也作了简要说明。全书以介绍实践经验为主，突出讲解了手工电弧焊的操作技能训练技巧，旨在努力提高焊工的操作技能水平。

本书由孙景荣、欧述生主编。第六章由李响、王巍编写；第七章由刘文贤、李诗文编写；其余由孙景荣、欧述生编写。全书由孙景荣、刘勃安统稿并审校。由于编者水平所限，漏误之处在所难免，恳请广大读者批评指正。

孙景荣

2005 年 2 月

目　　录

第一章 弧焊电源、常用工具和
用具及电焊条

第一节 弧焊电源

一、弧焊电源的基本条件

1. 弧焊电源的外特性

弧焊电源输出电压与输出电流之间的关系称为弧焊电源的外特性。外特性可用曲线来表示，称为外特性曲线。

普通电力变压器具有水平的外特性曲线，即当输出电流增加时，输出电压不变，这种电源不能作为弧焊电源。因为电弧焊时，会不断地发生频繁的短路。对于水平特性的电源，当发生短路时，短路电流太大，将会把电源烧坏。所以弧焊电源应具有下降的外特性，即随着输出电流的增大，输出电压下降。如图 1-1 所示。

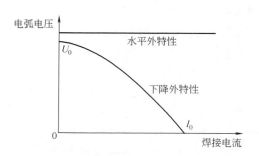

图 1-1 外特性曲线

从图 1-1 可以清楚看出下降特性的特征：当焊接电流从零开始增加时，电压从空载电压 U_0 逐步下降，直至电压降为零，出现短

路电流 I_0。根据下降外特性的下降程度，可分为缓降外特性和陡降外特性两种。

焊接时，电弧的静特性曲线与电源外特性曲线的交点，就是电弧燃烧的工作点。手工电弧焊、埋弧焊和钨极氩弧焊的电弧静特性曲线呈下降或水平状。当弧长发生变化时，具有较陡降外特性曲线的焊接电流变化量 ΔI_1，比较缓降外特性曲线的焊接电流变化量 ΔI_2 小（见图 1-2）。即陡降外特性曲线当弧长发生变化时，有利于保持焊接电流的稳定。所以，对于手工电弧焊、埋弧焊等和钨极氩弧焊，应该采用具有陡降外特性曲线的电源。

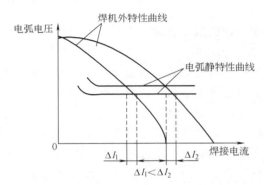

图 1-2 弧长变化时焊接电流的变化

2. 弧焊电源的动特性

电弧的引燃和燃烧是一个很复杂的过程，开始引弧时，电弧与焊件相碰，电源要迅速提供合适的短路电流；电极抬起时，电源要很快达到空载电压；焊接过程中，如果采用熔化电极（焊条、焊丝），会有熔滴从电极过渡到熔池的过程，此时也会产生频繁的短路和再引弧过程。如果电源输出的电流和电压不能很快适应弧焊过程中的这些变化，电弧就不能稳定燃烧，甚至熄灭。电源适应焊接电弧变化的特性称为弧焊电源的动特性。

二、弧焊电源的调节特性

焊接时，根据焊件材料、厚度、几何形状的不同，要选用不同直径的焊条或焊丝，因而要选用不同的焊接工艺参数。

当弧长一定时，每一条电源外特性曲线和电弧静特性曲线的交点中，只有一个稳定工作点，即只有一个对应的电流值和电压值。所以，选用不同的焊接工艺参数时，要求电源能够通过调节，得出不同的电源外特性曲线，即要求电源具有良好的调节特性。

总的来说，对手工电弧焊和埋弧自动焊电源的基本要求是，要有合适的空载电压和短路电流、下降的外特性、良好的动特性和灵活的调节特性。

三、弧焊电源的负载持续率

弧焊电源工作持续的时间与周期时间的比值，称为负载持续率。它用符号"DY"表示。全周期时间称为工作周期，包括负载持续时间与休息时间。在国家标准 GB 8118 中规定，周期为 5min、10min、20min 与连续。

负载持续率是在设计焊机时，用以表示某种工作类型的重要参数，它用百分数表示，在国家标准 GB 8118 中规定为 35％、60％、100％三种。

四、弧焊电源的额定电流

额定电流就是弧焊电源在负载持续率条件下，允许输出的最大电流。实际工作时间与工作周期之比，称为实际负载持续率。在不同负载持续率条件下，允许使用的输出电流，可用下式计算，即

$$I = \frac{\sqrt{DY_y}}{DY} I_y$$

式中　　DY_y——额定负载持续率；

　　　　DY——实际负载持续率；

　　　　I_y——实际负载持续率时的允许使用电流。

例如，当 $DY_y = 60\%$，$I_y = 300A$，$DY = 100\%$ 时

$$I = \frac{\sqrt{60}}{100} \times 300 = 232A$$

五、弧焊电源主要用途及数据

弧焊电源的主要技术数据列于表 1-1～表 1-6。

表 1-1 常用焊接变压器主要技术数据及用途

型号	输入容量 /kV·A	初级电压 /V	次级电压 /V	电流调节 范围/A	负载持续 率/%	主要用途
HX1-135	8.7	380	60～70	25～150	60	手工电弧焊
BX1-300	24	380	76	55～300	40	手工电弧焊
BX2-1000	76	380	69～78	400～1200	60	埋弧自动焊
BX3-120	7.9	380	70～75	20～160	60	手工电弧焊
BX3-400	28	380	80～90	60～500	60	交流氩弧焊
BX10-100	6.2	380	80	5～100	60	小电流氩弧焊
BP1-3X-1000	160	380	38～53	1000	60	电渣焊
BP3-500	122	380	70	35～210	60	多站手工电弧焊

表 1-2 常用绕组式硅整流器技术数据及用途

型号	输入容量 /kV·A	初级电压 /V	次级电压 /V	电流调节 范围/A	负载持续 率/%	主要用途
ZXG1-160	11.2		71.5	40～190		
ZXG1-250	17.8		71.5	50～300		手工电弧焊
ZXG1-400	27.7	380	71.5	100～480	60	
ZXG1-500	40		70～80	100～600		
ZXG6-300	21.7		70	40～340		钨极氩弧焊

表 1-3 常用抽头式硅整流器技术数据及用途

型号	输入容量 /kV·A	初级电压 /V	次级电压 /V	电流调节 范围/A	负载持续 率/%	主要用途
ZPG-200	7.5		14～30	30～250	100	
ZPG-250	15	380	14～32	40～300	60	CO_2 气体保护焊
JLX300	19		20～52	40～460	60	

表 1-4 常用磁放大器式整流器技术数据及用途

型号	输入容量 /kV·A	初级电压 /V	次级电压 /V	电流调节 范围/A	负载持续 率/%	主要用途
ZXG-400	34.9		80	40～180		钨极氩弧焊/ CO_2 气体保护焊
ZPG1-500	37		75	35～500		钨极氩弧焊
ZXG7-300-1	22	380	72	20～300	60	
ZXG7-1000	100		70～90	100～1000		（粗丝）CO_2 气体保护焊
ZXG6-1000	70		60	15～300	100/60	6～300,多头

表 1-5　常用晶闸管式整流器技术数据及用途

型号	输入容量 /kV·A	初级电压 /V	次级电压 /V	电流调节 范围/A	负载持续 率/%	主要用途
ZDK-250	14.5		77	30~300	60	手工电弧焊、 CO_2 气体保护焊、 钨极氩弧焊
ZDK-500	36.4		—	50~600	80	钨极氩弧焊
ZX5-250	14		55	50~250		手工电弧焊、 CO_2 气体保护焊、 钨极氩弧焊
ZX5-400	21	380	63	80~400		手工电弧焊
ZX5-400-1	24		73	20~400		
ZXG7-300-1	21		72	20~300	60	手工电弧焊、 钨极氩弧焊
NZC5-400	23		65	60~450		手工电弧焊、 钨极氩弧焊
WSOOL-315	30		AC75/DC70	15~315		埋弧自动焊、 交、直两用

表 1-6　常用逆变式整流器技术数据及用途

型号	输入容量 /kV·A	初级电压 /V	次级电压 /V	电流调节 范围/A	负载持续 率/%	主要用途
ZX7-250	9	380	70	50~300	60	钨极氩弧焊
ZX7-400	21.3	380	80	80~400	60	手工电弧焊/ 钨极氩弧焊
ZXC-6-160	—	380	50	30~160	60	手工电弧焊/ 钨极氩弧焊
ZX7-315	12.4	380	70	30~315	60	手工电弧焊/ 钨极氩弧焊
LIS-200	7	220	56	5~250	60	手工电弧焊/ 钨极氩弧焊
ZIS-400	12	380	75	25~400	60	手工电弧焊/ 钨极氩弧焊
ZXC-63	14	220	50	5~160	60	手工电弧焊/ 钨极氩弧焊

第二节　手工电弧焊常用工具和用具

手工电弧焊常用工具和用具包括焊钳、电缆、胶管、面罩、护目镜片、敲渣锤、角向磨光机、钢丝刷和焊条保温筒等多种。

一、焊钳

焊钳是用以夹持焊条，实现焊接的用具。对电焊钳的要求是：

① 在任何角度上都能牢固地夹持不同直径的焊条；

② 夹持焊条处应导电良好；

③ 手柄要有良好的绝缘和隔热作用；

④ 结构简单，轻便，安全，耐用。

常用的焊钳有 300A 和 500A 两种，其技术数据列于表 1-7。

表 1-7　焊钳技术数据

型号	额定电流 /A	选用焊条直径 /mm	电缆孔径 /mm	质量/kg	外形尺寸
G352	300	2～5	14	0.5	250mm×80mm×40mm
G582	500	4～6	18	0.7	290mm×100mm×45mm

二、焊接用电缆

焊接用电缆是多股细铜线电缆，一般有 YHH 型电焊用橡皮套电缆和 YHHR 型电焊用橡皮套电缆两种。选用电缆，应根据所使用的焊接电流值；电缆长度以 20～30m 为宜。焊接用电缆技术数据见表 1-8。

表 1-8　焊接用电缆技术数据

电缆型号	标称直径/mm	线芯直径/mm	电缆外径/mm	电缆质量/(kg/km)	额定电流/A
YHH 型电焊用橡皮套电缆	15	6.23	11.5	282	120
	25	7.50	12.6	397	150
	35	9.23	15.5	557	200
	50	10.50	17.0	737	300
	70	12.95	20.6	990	450
	95	14.70	22.8	1339	600
	120	17.15	25.6	—	—
	150	18.90	27.3	—	—

电缆型号	标称直径/mm	线芯直径/mm	电缆外径/mm	电缆质量/(kg/km)	额定电流/A
	6	3.96	8.5	—	35
	10	4.90	9.0	—	60
	16	6.15	10.8	282	100
YHHR型 电焊用橡 皮套电缆	25	8.00	13.0	397	150
	35	9.00	14.5	557	200
	50	10.60	16.5	737	300
	70	12.95	20.0	990	450
	95	14.70	22.0	1339	600

三、橡胶气管

橡胶气管用于气焊、气割、各种气体保护焊、等离子弧焊、氩弧焊等，作为气源的管道。这种橡胶气管一般分为两种，红色为氧气管，最大使用压力为1.5MPa；绿色或黑色为乙炔管，允许使用压力为0.5～1.0MPa。各种规格橡胶气管性能见表1-9。

表1-9　各种规格橡胶气管性能

内径/mm	胶层厚度/mm		工作压力/MPa
	内胶层	外胶层	
5	1.4	1.2	0.5
6			
8			1.0
10	1.6		2.0
16			

四、面罩和护目镜片

面罩是防止焊接过程中电弧飞溅、弧光和辐射光线对焊工面部损伤的遮蔽工具。它有手持式和头盔式两种，观察焊缝熔池的窗口处装有护目镜片。护目镜片的色号，可根据所焊接电流大小选择。一般不宜过亮，以能清楚分辨熔池的铁水和熔渣为宜。各种色号护目镜片的选用可参照表1-10。

五、焊条保温筒

焊条保温筒是在焊工施焊过程中，对所使用的焊条保存并加热

表 1-10　各种色号护目镜片的选用

工作种类	护目镜片色号			镜片尺寸
	适用电流/A			
	30～75	80～200	≥200	
电焊工	6～8	8～10	11～12	2.5mm×50mm×107mm
碳弧气刨		10～12	12～14	
辅助焊工	3～4			

保温的工具。焊条保温筒使用方便，便于携带，对于低氢焊条更需配备保温筒来进行焊接作业。常用焊条保温筒型号及规格见表 1-11。

表 1-11　焊条保温筒型号及规格

型　　号	形式	容量/kg	温度/℃
TRG-5	立式	5	200
TRG-⅝W	卧式	5	
TRG-2.5	立式	2.5	
TRG-2.5B	背包式	2.5	
TRG-2.5C	顶出式	2.5	
W-3	立卧两用式	5	
PR-1	立式	5	300

六、角向磨光机

角向磨光机是一种用来修磨焊道、清除焊接缺陷和清理焊根等使用的电动（或风动）工具。磨光机具有转速高、清除缺陷速度快以及打磨焊缝表面美观清洁等优点。磨光机与老式砂轮、风铲、气刨等比较，具有效率高、劳动强度低的优点。因而，成为焊工在焊接过程中，不可缺少的辅助用具。磨光机所用的砂轮片分为直径 100mm、125mm、180mm、250mm 等多种规格。焊工可根据工件的大小和角度、焊件在空间位置和环境条件等来选择磨光机的规格。

第三节 电 焊 条

一、电焊条的组成

涂有药皮供手工电弧焊用的电极称为电焊条。它由焊芯和药皮两部分组成。

1. 对焊条的基本要求

焊条在焊接过程中，应具有良好的工艺性能，保证焊后焊缝金属具有所需的力学、化学和特殊性能。为此，对焊条应提出以下要求。

① 电弧容易引燃。在焊接过程中，电弧燃烧稳定，再引弧容易。

② 药皮应均匀熔化，无成块脱落现象。药皮的熔化速度应稍慢于焊芯的熔化速度，使焊条熔化端部能形成喇叭形套筒，有利于金属熔滴过渡和造成保护气氛。

③ 焊接过程中，不应有过多的烟雾或过大过多的飞溅。

④ 保证熔敷金属具有一定的抗裂性、所需的力学性能和化学成分。

⑤ 焊后焊缝成形正常，熔渣清除容易。

⑥ 焊缝射线探伤应不低于 GB 3323《钢熔化焊缝射线照片及底片等级分类法》所规定的二级标准。

2. 焊芯

焊条中被药皮包覆的金属丝称为焊芯。

（1）焊芯中的合金元素和杂质　钢焊芯材料有碳素结构钢、合金结构钢和不锈钢三种。其中主要合金元素有碳、锰、硅、硫、磷，对于不锈钢还有铬和镍。

① 碳（C）　碳是钢中必然存在的元素。当碳含量增加时，钢的强度和硬度明显提高，但塑性和韧性降低。随着碳含量的增加，钢的焊接性能大大恶化，容易在焊缝中形成裂纹和气孔，并且焊接时飞溅也增大。所以低碳钢用的焊芯碳含量，都控制在 0.10%

以下。

②锰（Mn）　锰是一种很好的合金剂。当钢中锰的质量分数在 1％以下时，随着锰含量的增加，钢的强度和韧性增加。锰的存在可以减少钢中的硫含量，因而可以减少焊缝产生热裂纹倾向。所以，锰在焊芯中属于一种有益元素。碳素结构钢焊芯中锰的质量分数应为 0.30％～0.55％。

③硅（Si）　硅也是一种较好的合金剂。硅能提高钢的强度，但含量过高，会降低钢的塑性，导致产生热裂纹。因此，常用焊芯中的硅质量分数应不大于 0.25％。

④磷（P）　磷是一种有害元素。它会使钢的冲击韧性大大降低，使焊缝金属产生冷脆现象，并且，也是焊缝产生热裂纹的主要元素之一。因此，常用焊芯中磷的质量分数不大于 0.04％，优质钢焊芯中磷的质量分数不大于 0.03％。

（2）焊芯牌号　焊芯牌号用"焊"表示，其代号为"H"，后面的数字表示碳含量，其他合金元素的表示方法与钢号大致相同。质量不同的焊芯在最后标以一定符号以示区别。A 表示优质钢，其硫、磷含量的质量分数不超过 0.025％。

几种常用碳素钢焊芯牌号及化学成分见表 1-12。

表 1-12　几种常用碳素钢焊芯牌号及化学成分

牌号	化学成分(质量分数)/％						
	C	Mn	Si	Cr	Ni	S	P
						不大于	
H08	≤0.10	0.03～0.05	≤0.03	≤0.20	≤0.30	0.04	0.04
H08A	≤0.10	0.03～0.05	≤0.03	≤0.20	≤0.30	0.03	0.03
H08E	≤0.10	0.03～0.05	≤0.03	≤0.20	≤0.230	0.025	0.025
H08Mn	≤0.10	0.08～1.10	≤0.07	≤0.20	≤0.30	0.04	0.04
H08MnA	≤0.10	0.08～1.10	≤0.07	≤0.20	≤0.30	0.03	0.03

（3）焊芯规格　结构钢焊芯直径和长度见表 1-13。

3. 药皮

压涂在焊芯表面上的涂料称为药皮。

表 1-13　结构钢焊芯的直径和长度/mm

焊芯直径	焊芯长度							
1.6	200	250						
2.0		250	300					
2.5		250	300					
2.2				350	400			
4.0				350	400			
5.0					400	450		
6.0					400	450		
8.0							500	650

（1）焊条药皮的作用

① 提高焊接电弧的稳定性　当采用没有药皮的焊芯用直流电源进行焊接时，也能引燃电弧，但电弧十分不稳。如果用交流电源时，就根本不能引燃电弧。在涂有药皮后，其中含有钾和钠成分的"稳弧剂"，能提高电弧的稳定性，使焊条在交流电情况下，能进行正常焊接，保证焊条容易引弧、稳定燃烧以及熄弧后的再引弧。

② 保证熔化金属不受外界空气的影响　当药皮中加入一定量的"造气剂"，在焊接时会产生一种保护性气体，使熔化金属与外界空气隔绝，防止空气侵入，药皮熔化后形成熔渣，覆盖在焊缝表面，保护焊缝金属缓慢的冷却，有利于焊缝中气体的逸出，减少气孔产生的可能性，获得美观的焊缝成形。

③ 过渡合金元素使焊缝获取所要求的性能　焊接过程中，由于空气、药皮、焊芯中的氧和氧化物以及氮、氢、硫等杂质的存在，致使焊缝金属的质量降低。因此，在药皮中需要加入一定量的合金元素，进行脱氧并获得所需的补充合金元素，以得到满意的力学性能。结构钢焊条所用的焊芯是相同的，但由于药皮中加入的合金元素种类和数量不同，结果便得到不同强度等级的焊条。

④ 改善焊接工艺性能，提高生产效率　焊条药皮中含有合适的造渣、稀渣成分，焊接时可获得流动性良好的熔渣，以便得到成形美观的焊缝。而且，药皮的熔点比焊芯稍高一点，焊接时形成一个套筒，使金属熔滴在药皮保护下顺利向焊接熔池过渡，减少由飞

溅造成的金属损失，并能进行各种空间位置的焊接。如果在药皮中加入较多的铁粉，使它过渡到焊缝中去，便明显地提高了熔敷效率，因而提高了生产效率。

（2）焊条药皮的组成　焊条药皮由下列各种成分组成。

① 稳弧剂　可使焊条在引弧和焊接过程中，起着改善引弧性能和稳定电弧的作用。主要的稳弧剂有水玻璃（含有钾、钠碱土金属的硅酸盐）、钾长石、纤维素、钛酸钾、金红石、还原钛铁矿、淀粉、铝粉和镁粉等。

② 造渣剂　焊接时，能形成具有一定物理性能的熔渣，使熔渣浮在熔池表面，产生良好的保护熔池作用和改善焊缝成形。主要的造渣剂有大理石、白云石、菱苦土、萤石、石英、长石、白泥、白土、云母、钛白粉、金红石、还原钛铁矿等。

③ 脱氧剂　用于降低药皮和熔渣的氧化性，并脱除金属中的氧，有利于提高焊缝性能。对氧化性强的药皮类型，更需加强先期脱氧。常用的脱氧剂有铝粉、铝铁、钛铁、硅铁、锰铁和石墨等。

④ 造气剂　主要是起保护电弧和熔池的作用，也有利于改善全位置焊接的工艺性能。常用的造气剂有大理石、白云石、菱苦土、淀粉、木粉纤维素和树脂等。

⑤ 稀渣剂　改善熔渣的流动性能，包括熔渣的熔点、黏度和表面张力等物理性能。主要的稀渣剂有萤石、冰晶粉和钛铁矿等。

⑥ 合金剂　补偿焊接过程中的合金烧损和向焊缝过渡合金元素，使焊缝金属具有必要的合金元素，保证焊缝的化学成分、力学性能和耐腐蚀性能。常用的合金剂有硅铁、锰铁、钼铁、钒铁、铬粉、镍粉、钨粉和硼铁等。

⑦ 增塑润滑剂　增加药皮粉料的塑性和润滑性，便于焊条药皮的压制，减小焊条偏心度，提高涂压质量。主要的增塑润滑剂有白泥、云母、白土、钛白粉、碳酸钠、木粉、膨润土、海藻和润滑淀粉等制剂。

⑧ 黏结剂　用于黏结药皮涂料使之能牢固的涂压在焊芯上。主要的黏结剂有钠水玻璃，钾水玻璃，钾、钠水玻璃三种。

（3）药皮的类型和特点　常用的药皮类型有 8 种，其特点如下。

① 高钛钠型和高钛钾型　高钛钠型焊条以氧化钛为主要成分，采用钠水玻璃黏结。附加铁粉后称铁粉钛型。电弧稳定，引弧容易，熔深较浅，熔渣覆盖良好，脱渣容易，焊波整齐，适用于全位置焊接。但熔敷金属塑性及抗裂性较差。焊接电源为交流和直流正接。高钛钾型焊条只是使用钾水玻璃为黏结剂，电弧比高钛钠型稳定，工艺性能、焊缝成形均比高钛钠型好。焊接电源为交流或直流正、反接。

② 钛钙型　钛钙型焊条药皮中加入质量分数为 30％以上的氧化钛、质量分数为 20％以下的钙或镁的碳酸盐矿石。这种焊条电弧稳定，熔渣流动性良好，脱渣容易，熔深适中，飞溅少，焊波整齐，适用于全位置焊接。焊接电源为交流或直流正、反接。

③ 钛铁矿型　药皮中含有钛铁矿的质量分数大于或等于 30％，熔渣流动性良好，电弧稍强，熔深大，熔渣覆盖性好，脱渣容易，飞溅一般，适用于全位置焊接。焊接电源为交流或直流正、反接。

④ 氧化铁型　含有多量的氧化铁及锰铁脱氧剂，电弧吹力大，熔深较浅，电弧稳定再引弧容易，熔化速度快，熔渣覆盖好，脱渣性好，焊缝致密，飞溅较大。焊接电源为交流或直流正接。

⑤ 高纤维素钠型和高纤维素钾型　高纤维素钠型药皮中含有质量分数大于 15％的有机物，并以钠水玻璃为黏结剂，焊接时有机物在电弧区分解产生大量的气体，保护熔敷金属。电弧吹力大，熔深较大，熔化速度快，熔渣少，脱渣容易，通常限制大电流焊接，适用于全位置焊接。焊接电源为直流反接。高纤维素钾型焊条采用钾水玻璃与钙作为稳弧剂，电弧稳定，焊接电源为交流或直流正接。

⑥ 低氢钠型和低氢钾型　低氢钠型焊条以碱性氧化物为主并以钠水玻璃为黏结剂。熔渣流动性好，焊接工艺性能一般，焊波较粗，熔深适中，脱渣性好，焊接要求焊条进行干燥，并采用短弧焊接，可全位置焊接。焊接电源为直流反接。低氢钾型焊条比钠型电

弧稳定，这两种焊条具有良好的抗裂性能和力学性能。

⑦ 石墨型 药皮中含有较多的石墨，使焊缝金属获得高的游离碳或碳化物。一般工艺性较差，飞溅较多，烟雾大，熔渣少。这种焊条只适用于平焊。有色金属芯焊条工艺性能好，飞溅少，引弧容易，药皮强度较差，由于抗裂性能差，焊条尾部容易发红，施焊时宜用小的线能量，焊接电源为交、直流两用。

⑧ 盐基型 主要由氯化物和氟化物组成。药皮吸潮性较强，用前必须进行烘干。工艺性较差，并有熔点低，熔化速度快的优点。焊接时要求电弧短，熔渣有腐蚀性，要求焊后清除干净，焊接电流为直流反接。

（4）酸性焊条和碱性焊条 在焊条药皮中，如果含有以酸性氧化物（如氧化钛、硅砂）为主的涂料组分，这种焊条称为酸性焊条。例如，钛铁矿型、钛钙型、氧化铁型和纤维素型焊条；如果含有碱性氧化物（如氧化钙）为主的涂料组分，称为碱性焊条，例如以碳酸盐和萤石为主的低氢型焊条。酸性和碱性焊条的比较见表1-14。

表1-14 酸性和碱性焊条的比较

酸 性 焊 条	碱 性 焊 条
（1）药皮组分氧化性强	（1）药皮组分还原性强
（2）对水、锈产生气孔的敏感性不大，焊前需经150℃烘焙1h	（2）对水、锈产生气孔的敏感性较大，焊前需经350～400℃烘焙1～2h
（3）电弧稳定，可交、直流施焊	（3）药皮中含有氟化物，恶化电弧稳定性，需用直流施焊，当药皮加入稳弧剂后，才可交、直流两用
（4）焊接电流大	（4）焊接电流与酸性焊条比较，小10%左右
（5）宜长电弧操作	（5）需短弧焊接，否则容易产生气孔
（6）合金元素过渡效果差	（6）合金元素过渡效果好
（7）焊接成形较好，熔深浅	（7）焊接成形尚可，容易堆高，熔深稍大
（8）熔渣呈玻璃状	（8）熔渣结构呈结晶体
（9）脱渣容易	（9）坡口内脱渣困难
（10）焊缝冲击性能一般	（10）焊缝冲击韧性较高
（11）抗裂性能差	（11）抗裂性能好
（12）焊缝氢含量高，易产生"白点"影响塑性	（12）焊缝中氢含量较低
（13）焊接烟尘较小	（13）焊接时烟尘较多

二、焊条的分类及型号编制

1. 焊条的分类

焊条按用途分类如下。

（1）碳钢焊条　主要用于强度等级较低的低碳钢和低合金钢。

（2）低合金钢焊条　主要用于低合金结构钢、钼及铬钼耐热钢的焊接。

（3）不锈钢焊条　主要用于合金元素较高的钼及铬钼耐热钢、各种不锈钢的焊接。

（4）堆焊焊条　用于金属表面层堆焊，其熔敷金属在常温或高温中具有较好的耐磨性和耐腐蚀性。

（5）铸铁焊条　专用于铸铁焊接或补焊。

（6）镍及镍合金焊条　用于镍及镍合金焊接，有时也用于铸铁补焊和异种金属的焊接。

（7）铜及铜合金焊条　主要用于铜及铜合金的焊接、补焊，有时也用于铸铁补焊和异种金属的焊接。

（8）铝及铝合金焊条　用于铝及铝合金的焊接、补焊等。

（9）特殊用途焊条　指用于水下焊接、切割的焊条，高硫焊条，铁锰焊条等。

2. 焊条型号的编制

按 GB/T 5117—1995、GB/T 5118—1995 的规定，碳钢和低合金钢焊条型号编制方法如下。

① 用字母"E"表示焊条。

② 前两位数字表示熔敷金属抗拉强度的最小值。

③ 第三位数字表示焊条的焊接位置，"0"及"1"表示焊条适用于全位置焊接（平焊、立焊、仰焊及横焊），"2"表示焊条适用于平焊及平角焊，"4"表示焊条适用于向下立焊，在第四位数字后附加"R"表示耐吸潮焊条，附加"M"表示耐吸潮和力学性能有特殊规定的焊条，附加"-1"表示冲击韧度有特殊规定。

④ 第三位数和第四位数字组合时表示焊接电流种类及药皮类型，见表 1-15。

表 1-15　常用焊条焊接电流种类及药皮类型

焊条型号	药皮类型	焊接电流种类
E××00-×	特殊型	交流或直流正、反接
E××01-×	钛铁矿型	
E××03-×	钛钙型	
E××10-×	高纤维素钠型	直流反接
E××11-×	高纤维素钾型	交流或直流反接
E××12-×	高钛钠型	交流或直流正接
E××13-×	高钛钾型	交流或直流正、反接
E××14-×	铁粉钛型	
E××15-×	低氢钠型	直流反接
E××16-×	低氢钾型	交流或直流反接
E××18-×	铁粉低氢型	
E××20-×	氧化铁型	交流或直流正接
E××22-×		交流或直流正、反接
E××23-×	铁粉钛钙型	
E××24-×	铁粉钛型	
E××27-×	铁粉氧化铁型	交流或直流正接
E××28-×	铁粉低氢型	交流或直流反接

⑤ 后缀字母表示熔敷金属的化学成分分类代号，并以短线"-"与前面数字分开，如还具有附加化学成分时，直接用元素符号表示，并用短线"-"与前面字母分开。

焊条型号举例如下：

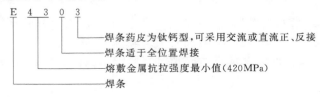

E　4　3　0　3
焊条药皮为钛钙型,可采用交流或直流正、反接
焊条适于全位置焊接
熔敷金属抗拉强度最小值(420MPa)
焊条

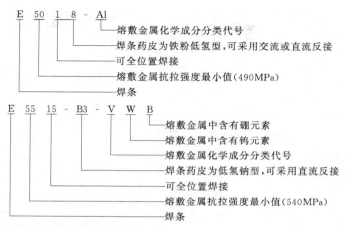

E 50 1 8 - A1
├── 熔敷金属化学成分分类代号
├── 焊条药皮为铁粉低氢型,可采用交流或直流反接
├── 可全位置焊接
├── 熔敷金属抗拉强度最小值(490MPa)
└── 焊条

E 55 15 - B3 - V W B
├── 熔敷金属中含有硼元素
├── 熔敷金属中含有钨元素
├── 熔敷金属化学成分分类代号
├── 焊条药皮为低氢钠型,可采用直流反接
├── 可全位置焊接
├── 熔敷金属抗拉强度最小值(540MPa)
└── 焊条

熔敷金属化学成分分类见表 1-16。

表 1-16　熔敷金属化学成分分类

焊条型号	分　类	焊条型号	分　类
E××××-A1	碳钼钢焊条	E××××-NM	镍钼钢焊条
E××××-B1 E××××-B2 E××××-B3 E××××-B4 E××××-B5	铬钼钢焊条	E××××-D1 E××××-D2 E××××-D3	锰钼钢焊条
E××××-C1 E××××-C2 E××××-C3	镍钢焊条	E××××-G E××××-M E××××-M1 E××××-W	所有其他低合金焊条

根据熔敷金属抗拉强度分类的焊条系列见表 1-17。

表 1-17　焊条的强度系列

系列代号	熔敷金属抗拉强度/MPa	系列代号	熔敷金属抗拉强度/MPa
E43	≥420	E70	≥690
E50	≥490	E75	≥740
E55	≥540	E85	≥830
E60	≥590		

　　E43 系列、E50 系列焊条的药皮类型、焊接位置和电流种类,分别见表 1-18、表 1-19。

表 1-18　E43 系列焊条的药皮类型、焊接位置和电流种类

焊条型号	药皮类型	焊接位置	电流种类
E4300	特殊型	平、立、横、仰	交流或直流正、反接
E4301	钛铁矿型		交流或直流正、反接
E4303	钛钙型		交流或直流正、反接
E4310	高纤维钠型		直流反接
E4311	高纤维钾型		交流或直流反接
E4312	高钛钠型		交流或直流正接
E4313	高钛钾型		交流或直流正、反接
E4315	低氢钠型		直流反接
E4316	低氢钾型		交流或直流反接
E4320	氧化铁型	平角焊	交流或直流正接
E4322		平	交流或直流正、反接
E4323	铁粉钛钙型	平、平角焊	交流或直流正、反接
E4324	铁粉钛型		
E4327	铁粉氧化铁型		
E4328	铁粉低氢型		

表 1-19　E50 系列焊条的药皮类型、焊接位置和电流种类

焊条型号	药皮类型	焊接位置	电流种类
E5001	钛铁矿型	平、立、横、仰	交流或直流正、反接
E5003	钛钙型		交流或直流正、反接
E5010	高纤维钠型		直流反接
E5011	高纤维钾型		交流或直流反接
E5014	铁粉钛型		交流或直流正、反接
E5015	低氢钠型		直流反接
E5016	低氢钾型		交流或直流反接
E5018	铁粉低氢型		交流或直流反接
E5020	高氧化铁型	平角焊	交流或直流正接
E5024	铁粉钛型	平、平角焊	交流或直流正、反接
E5027	铁粉氧化铁型		交流或直流正接
E5028	铁粉低氢型		交流或直流反接
E5048		平、立、立向下	交流或直流反接

三、焊条的选用

1. 结构钢焊条的选用原则

结构钢焊条的选用，通常是根据钢板的化学成分、力学性能、抗裂性能等要求，同时还应从焊接结构形状、工况条件、受力情况和焊接设备条件等，进行综合考虑。必要时还需进行焊接性试验，用以确定焊条和焊接工艺。

① 碳钢和低合金钢的焊接，一般按钢材的强度等级来选用适当的焊条。在焊缝冷却速度快、强度高、容易产生裂纹情况下，往往可采用比母材低一级的焊条。

② 酸性和碱性焊条选择，主要取决于焊件的结构形式（简单或复杂）、钢板厚度（钢性大小）、工况条件（静载荷，动载荷）、钢材的焊接性能和抗裂性能等情况。一般塑性好、冲击韧性高、低温性能好、抗裂性能好的钢材，选用碱性焊条。

③ 凡对焊接接头冷弯角度、低温冲击韧性、伸长率、扩散氢含量及熔敷金属中硫、磷含量有较高的要求时，可选用带"G"的焊条。结构钢焊条牌号和用途见表 1-20，结构钢焊条熔敷金属主要性能见表 1-21。

表 1-20　结构钢焊条牌号和用途

焊条牌号	国标	药皮型号	焊接电源	主　要　用　途
J350			直流	专用于微碳纯铁、氨合成塔及内件的焊接
J420G	E4310	特殊型	交直流	高温高压电站碳钢管
J421	E4313	高钛钾型		用于碳钢薄板向下立焊及断续焊
J421X				焊接一般碳钢薄板
J421Fe	E4324	铁粉钛型		高效率焊条
J421Fe13				
J422	E4303	钛钙型		焊接较重要的低碳钢结构和同强度等级的低合金钢
J422Fe				
J422Fe13	E4303	铁粉钛钙型		焊接低结构碳钢的高效率重力焊条
J422Fe16				

焊条牌号	国标	药皮型号	焊接电源	主　要　用　途
J422FeZ13	E4324	钛铁矿型	交直流	焊接低结构碳钢的高效率重力焊条
J423				
J424	E4320	氧化铁型		
J424Fe14	E4327	铁粉氧化铁型		适用于向下立焊
J425	E4311	高纤维素钾型		焊接重要结构的低碳钢及某些低合金钢
J426	E4316	低氢钾型	直流	
J427	E4315	低氢钠型		
J427Ni				
J501Fe15	E5024	铁粉钛型		焊接重要低合金钢及船舶用 A 级、D 级钢
J501Fe18				
J501Z18				焊接低合金钢的平角焊的重力焊条
J502	E5003	钛钙型		焊接 16Mn 及同等级低合金的一般结构
J502Fe				
J502Fe15	E5023	铁粉钛钙型		焊接同等级低合金结构钢的高效率焊条
J502Fe16				
J502CuP	—	钛钙型	交直流	用于铜磷系统耐大气、耐硫化氢、耐海水腐蚀结构焊接
J502CuNi	E5003-G			用于耐大气腐蚀的铁道机车车辆的焊接
J502WCu				
J502CuGrNi				用于耐大气腐蚀及近海工程结构的焊接
J503	E5001	钛铁矿型		焊接 16Mn 及同等级低合金钢的一般结构
J503Z				焊接低碳钢及同等级结构钢的高速重力焊条
J504Fe	E5027	铁粉氧化铁型		焊接低碳钢及同等级结构钢的高效率焊条
J504Fe14				
J505	E5011	高纤维素钾型		用于碳钢、低合金钢管的焊接
J505MoD				用于不铲焊根焊缝的打底焊
J506	E5016			焊接中碳钢及某些重要的低合金钢，如 16Mn 等

焊条牌号	国标	药皮型号	焊接电源	主 要 用 途
J506GM		低氢钾型	交直流	用于碳钢、低合金钢的压力容器、石油管道、船舶等表面装饰的焊接
J506X				抗拉强度为 500MPa 级的立向下焊
J506DF				用途同 J506，适用于密封容器内的焊接
J506D				用于不铲焊根焊缝的打底焊
J506Fe	E5018	铁粉低氢型		焊接低合金钢的高效率焊条
J506Fe-1	E5018-1			用于焊接碳钢低合金钢如 16Mn、16MnR 等
J506Fe16	E5028			用于碳钢、低合金钢的焊接
J506Fe18				焊接低碳钢及同等级结构钢的高效率焊条
J506LMA	E5018			用于碳钢、低合金钢的船舶结构的焊接
J506WCu	E5016-G	低氢钾型		用于耐大气腐蚀结构的焊接，如 09MnCuPTi 等
J506G				适宜于采油平台、船舶、压力容器的焊接
J506RH				
J506CuNi				用于碳钢及 500MPa 级耐候钢的焊接
J507CuNi		低氢钠型	直流	
J507	E5015			抗拉强度为 500MPa 级的立向下焊
J507H				
J507R	E50115G			用于压力容器的焊接
J507GR				用于船舶、压力容器、海洋工程等重要结构焊接
J507DF	E5015S			焊接低碳钢及同等级结构钢的高效率低尘焊条
J507RH	E50115-G			适宜于采油平台、船舶、压力容器的焊接
J507X	E5015			500MPa 级的立向下焊
J507XG				500MPa 级的立向下焊及管子的焊接
J507D				用于管道及厚壁容器的焊接

焊条牌号	国标	药皮型号	焊接电源	主　要　用　途
J507Fe	E5018	铁粉低氢型	直流	焊接重要的低合金钢结构的高效率焊条
J507Fe16	E5028			
J507Mo	E5015-G	低氢钠型		用于耐高温硫、硫化氢腐蚀钢的焊接，如 12AlMoVNb 等
J507MoNb				
J507MoW				用于耐高温硫化氢、氢等腐蚀钢的焊接
J507GrNi				用于耐大气、海水腐蚀钢结构的焊接
J507FeNi	E5018-G	铁粉低氢型		用于中碳钢及低温钢压力容器的焊接
J507MoWNbB	E5015-G	低氢钠型		用于中温高压耐氢、氮、氨介质腐蚀钢的焊接，如 12SMoVNb 钢等
J507NiCuP				用于耐大气、海水腐蚀钢结构的焊接
J507SL				用于焊接厚度 8mm 以下的低合金钢表面渗铝结构
J553	E5501-G	钛铁矿型	交直流	焊接相应强度的低合金钢
J556	E5516-G	低氢钾型		焊接中碳钢及相应强度的低合金钢结构，如 15MnTi，15MnV 等
J557	E5515-G	低氢钠型		
J557Mo				
J557MoV				焊接中碳钢及低合金钢结构，如 14MnMoVN 等
J556RH	E5516-G	低氢钾型	直流	用于海上平台、船舶和压力容器等重要设备的焊接
J606	E6016D₁			焊接中碳钢及相应强度的低合金钢，如 15MnVN 等
J607	E6015D₁			
J607Ni	E6015-G			焊接相应强度等级并有再热裂纹倾向的钢结构
J707	E7015D₂	低氢钠型		焊接相应强度等重要钢结构，如 14MnMoNb 等
J707Ni	E7015-G			焊接相应强度等重要钢结构，如 14MnMoVB 等
J707RH				焊接相应强度等重要钢结构
J707NiW				焊接相应强度等重要钢结构，如 14MnMoVB 等
J757	E7515-G			焊接相应强度等重要钢结构

焊条牌号	国标	药皮型号	焊接电源	主 要 用 途
J575Ni	E7515-G			焊接相应强度等重要钢结构，如 14MnMoVB 等
J807	—			
J857	E8515-G	低氢钠型	直流	焊接相应强度等重要钢结构
J857Gr				焊接相应强度等重要钢结构，如 30CrMo 等
J107	—			焊接相应强度等重要钢结构
J107Gr	—			焊接相应强度等重要钢结构，如 30CrMnSi 等

2. 碳钢焊条的选用

低碳钢（含碳≤0.25%）的焊接性良好，选用焊条应保证接头与母材金属等强度。一般，碳钢可选择酸性或碱性的结构钢焊条，而对碳含量≥0.2的碳钢，适宜采用碱性低氢焊条或牌号中带"G"的优质焊条，低碳钢焊条的选用见表1-22。

中碳钢（含碳 0.25%～0.60%）焊接性较差，焊后，塑性、抗疲劳强度较低容易产生淬火组织，冷裂和热裂倾向较大，所以一般要采用碱性低氢焊条。焊前，一般需要预热。对于不采取预热而焊缝又不要求等强度接头，也可采用不锈钢焊条，但成本较高。中碳钢的焊条选用见表1-23。

四、常用焊条型号与牌号对照

常用焊条型号与牌号的对照见表1-24。

五、焊条烘干

常用焊条的焊前烘干规范见表1-25。

六、焊条消耗量

每米焊缝熔敷金属质量及焊条消耗量，见表1-26。

七、焊条的储存及保管

焊条是极容易返潮的材料，应该加强储存和保管工作。

① 焊条必须在干燥、通风良好的室内存放，室内保持清洁。

表 1-21 结构钢焊条熔敷金属主要性能

牌号	熔敷金属主要化学成分/%				熔敷金属力学性能				
	C	Mn	Si	其他	σ_b/MPa	$\sigma_{0.2}$/MPa	δ/≤	/℃	A_{kv} /J
J350	≤0.08	0.20~0.50	0.20~0.50	Al≤0.05	≥340	—	18	常温	≥80
J420C	≤0.12	0.35~0.70	≤0.30				17		≥27
J421	约0.08	0.4~0.6	≤0.35					0	≥47
J421Fe		0.30~0.60	约0.25					常温	50~75
J421X	≤0.12	约0.5	≤0.35		≥420	≥330		常温	≥27
J421Fe13		0.30~0.60					22	0	≥47
J422			≤0.25				23	-20	≥27
J422GrM	≤0.12	0.30~0.55							
J422Fe		0.30~0.60					22	0	
J422Fe13									
J422Fe16									
J422Z13		0.3~0.7							
J423		0.35~0.70	≤0.20					常温	60~110
J424		0.50~0.90	≤0.35						
J424Fe14	≤0.20	0.30~0.60	≤0.30		≥490	≥410			≥27
J425			≤0.90				17	-30	
J426	≤0.12	0.5~0.85	≤0.50						
J427		0.8~1.4	≤0.90	Mo≤0.30 V≤0.08					
J501Fe15	≤0.10	0.8	0.5				17		≥27
J507Fe18	≤0.12	0.4~0.9					23	0	≥47
J502			≤0.30				20		≥27
J502Fe	≤0.12	≤1.25	≤0.90						60~80

牌号	熔敷金属主要化学成分/%				熔敷金属力学性能				
	C	Mn	Si	其他	σb/MPa	σ0.2/MPa	δ/≤		AkV
J502Fe15	≤0.12	0.5~0.9	≤0.30	Mo≤0.50		≥410	17	0	≥27
J502Fe16		≤1.25	≤0.90			≥345	16	常温	≥35
J502CuP		0.3~0.6		Cu 0.20			20		
J502NiCu	≤0.10	0.4~0.9		Cu 0.2~0.3		≥390			
J502WCu	≤0.10	0.5~0.9	≤0.30				22		≥27
J502CuGrNi	≤0.10	0.45~0.75		Cu 0.25			20		
J503		0.5~0.9			≥490				
J503Z	≤0.12	0.8		Mo≤0.30					
J504Fe		≤1.25					22	-30	
J504Fe14		0.5~1.10	≤0.50						
J505	≤0.20	0.4~0.6	≤0.70			≥410	20		
J506H			≤0.75					-45	≥47
J506X	≤0.12								
J506DF			≤0.65				22	-30	
J506D	≤0.09	≤1.60	≤0.60						
J506GM			≤0.75					-40	
J506Fe			≤0.70	Mo≤0.30 V≤0.08			23	-30	≥27
J506Fe-1	≤0.12							-45	
J506Fe16		0.6~1.2	≤0.75	W 0.2~0.5 Cu 0.2~0.5			22	-20	
J506Fe18								-30	≥30
J506LMA								-40	
J506WCu			≤0.35				20		

牌号	熔敷金属主要化学成分/%				熔敷金属力学性能				
	C	Mn	Si	其他	σ_b/MPa	$\sigma_{0.2}$/MPa	δ/%		A_{kv}
J506G	≤0.10	≤1.50	≤0.50	Ni≤0.50	≥490	≥390	20		≥53
J506RH		≤1.60	≤0.50	Ni 0.35~0.80					≥34
J506NiCu		0.5~1.2	≤0.70	Ni 0.20~0.51 Cu 0.20~0.40		≥410	22	−30	≥27
J507		≤1.60	≤0.75					−40	
J507NiCu		0.5~1.2	≤0.70	Ni 0.2~0.5 Cu 0.2~0.4		≥390		−30	≥47
J507R			≤0.70	Ni≤0.70					≥27
J507H			≤0.75						
J507GR		≤1.60	≤0.60	Ni≤0.35 Ti 0.02 B 0.02		≥410	24	−40	≥47
J507RH			≤0.70	Ni≤0.70					≥30
J507X	≤0.12		≤0.75						
J507DF		0.8~1.3							
J507XG							22	−30	≥27
J507D		≤1.60							
J507Fe									
JF07Fe16									
J507Mo		≤0.90	≤0.60	Mo≤0.30 V0.08				−20	
J507MoNb		0.6~1.2	≤0.65	Mo 0.40~0.65 V0.03		≥390		−30	
J507MoW		≤0.80	≤0.5	Mo 0.5~0.9					
J507GrNi	≤0.10	0.5~0.8	0.3~0.5	Cu 0.5~0.8		≥345	20	常温	≥80
J507CuP	≤0.12	0.8~1.3	≤0.5	Cu 0.2~0.5				−40	≥53
J507FeNi	≤0.08	0.85	≤0.65	Ni 1.2~2.0		≥390	22	常温	≥27
J507MoWNbB	≤0.10	0.6~1.0	≤0.45	Mo 0.4~0.6					

牌号	熔敷金属主要化学成分/%				熔敷金属力学性能				
	C	Mn	Si	其他	σ_b/MPa	$\sigma_{0.2}$/MPa	δ/≤		A_{kv}
J507NiCuP	≤0.12	0.6~1.0	≤0.45	Ni 0.55~0.75	≥490	≥390	22	-20	≥30
J507SL	≤0.12	≤1.20	≤0.5	Mo 0.30	≥490	≥345	—	—	—
J553	≤0.12	0.6~1.02	≤0.3	Mo 0.20	≥490		16	常温	
J556	≤0.12	≥1.0	0.3~0.7		≥540	≥440	17	-40	≥27
J557	≤0.12	≥1.0	≤0.6		≥540	≥440	17	-50	
J557Mo	≤0.10	1.0~1.75	≤0.6	Mo 0.4~0.65	≥540	≥440	17	-40	
J557MoV	≤0.10	0.8~1.3	≤0.25	Mo 0.2~0.35	≥540	≥440	17		
J556RH	≤0.12	≥1.0	0.3~0.7	Ni≤0.85	≥590	≥530	15		≥34
J606	≤0.12	1.25~1.75	≤0.6	Mo 0.25~0.45	≥590	≥530	15		≥27
J607	≤0.10	≥1.0	≥0.8		≥608	≥490	17		≥34
J607Ni	≤0.10	≥1.0	≥0.8	Ni 1.2~1.5	≥608	≥490	17		≥48
J607RH	≤0.15	1.65~2.0	≥0.60	Ni 0.6~1.2	≥608	≥490	17		
J707	≤0.10	≥1.0	≥0.60	Ni 0.25~0.45	≥690	≥590	15	-50	≥27
J707Ni	≤0.08	≥1.0	0.2~0.4	Ni 1.8~2.2	≥690	≥590	15		
J707RH	0.05~0.10	0.90~1.35	0.2~0.4	Ni 1.40~2.00	≥690	≥590	20		59
J707NiW	0.05~0.10	0.90~1.35		Mo 0.3~0.65	≥690	≥590	16		
J757	≤0.20	≥1.0	≤0.60	Mo≤1.0	≥740	≥640	13		≥27
J757Ni	≤0.10	≥1.0	≤0.40	Mo≤1.0	≥740	≥640	13		
J807	≤0.09	≥1.0	0.4~0.8		≥780		14		
J857	≤0.15	≥1.0	≤0.60	Mo≤0.6~1.2	≥830	≥740	12		
J857Cr	≤0.15	≥1.0	≤0.60		≥830	≥740	12		
J107	≤0.12	≥1.0	0.3~0.8	Mo≤0.3~0.6	≥980		12		
J107Gr	≤0.15	≥1.0	0.3~0.7	Gr 1.5~2.3	≥980		12		

表 1-22　低碳钢焊条的选用

类　别	钢　材		选用焊条
	钢　号	代　号	
低碳钢	Q235R	Q235R	E4303 E4301 E4316 E4315 E5015
	Q235F	Q235F	
	Q235	Q235	
	Q235	Q235	
	Q235	Q235	
	Q255	Q255	
	10	10	
	15	15	
	19 高层	19gc	
	20 钢	20	
	20 锅	20g	
	25 钢	25	

表 1-23　中碳钢焊条的选用

钢号	选用焊条	备　注
Q275 30 35 45	E4316,E4315, E5016,E5015	(1)一般不等强度的结构可用 E4316、E4315,重要结构选用 E5016、E5015 (2)按板厚和结构刚性的不同,可采取 50～100℃、100～150℃ 或 150℃ 以上的预热

②　焊条应放在架子上，架子离地面高度应不小于 300mm，室内设置除湿机。

③　焊条应按种类、牌号、规格、批次、入库时间堆放，并设有明显标识，避免混乱。

④　对于受潮、药皮变色、焊芯有锈的焊条，必须在烘干后经质量评定合格后使用。

⑤　焊条库内应设置温度计、湿度计。低氢焊条室内温度不能低于 5℃，相对湿度应低于 60％。

⑥　焊前，焊条应进行烘干，酸性焊条一般在 150～200℃，烘干 1～2h；对于碱性焊条，应在 350～400℃，烘干 1～2h。烘干后的焊条，应放在 100℃ 保温箱中备用。

表1-24 常用焊条型号与牌号对照

碳钢焊条

焊条牌号	焊条型号
J422	E4303
J426	E4316
J427	E4315
J502	E5006
J506	E5016
J507	E5015

低合金钢焊条

焊条牌号	焊条型号 GB/T 5118—95
J557	E5515-G
J606	E6016-G
J607	E6015-G
J707	E7015-D2
R107	E5015-A1
R202	E5503-B1
R317	E5515-B2V

铸铁焊条

焊条牌号	焊条型号 GB 10049—88
Z308	EZNi
Z116	EZV
408	EZNiFe
Z508	EZNiCu

铝及铝合金焊条

焊条牌号	焊条型号 GB 10049—83
L109	TAl
L209	TAlSi

不锈钢焊条

焊条牌号	焊条型号 GB 983—85	焊条型号 GB 983—95
A002	E00-19-10-16	E308L-16
A022	E00-18-12Mo2-16	E316L-16
A102	E0-19-10-16	E308-16
A132	E0-19-10Nb-16	E347-16
A137	E0-19-10Nb-15	E347-15
A212	E0-18-12Mo2Nb-16	E318-16
A302	E1-23-13-16	E309-16
A307	E1-23-13-15	E309-15
A402	E2-26-21-16	E310-16
A407	E2-26-21-15	E310-15

铜及铜合金焊条

焊条牌号	焊条型号 GB 3670—83	焊条型号 GB/T 3670—95
T107	TCu	ECu
T207	TCuSi	ECuSiB
T237	TCuAl	ECuAl-C
T227	TCuSnB	ECuSn-B

堆焊焊条

焊条牌号	焊条型号 GB 984—85
DE102	EDPMn2-03
D107	EDPMn2-15
D112	EDPCrMo-A1-03
D132	EDPCrMo-A2-03
D146	EBPMn4-16
D167	EBPMn6-15

表 1-25　常用焊条焊前烘干规范

焊条型号及牌号		吸潮度/%	烘干温度/℃	保温时间/min
低碳钢	钛钙型 J422	≥2	150~200	30~40
	钛铁矿型 J423	≥3	150~200	30~60
	低氢型 J427	≥0.5	300~350	30~60
高强度钢、耐热钢、低温钢	高强度钢 J507、J557、J607、J107	≥0.5	300~400	30~60
	耐热钢(低氢型)		350~400	60
	低温钢(低氢型)		350~400	60
不锈钢	铬不锈钢(低氢型)	≥1	300~350	30~60
	(钛钙型)		200~250	
	奥氏体不锈钢(低氢型)		200~300	
	(钛钙型)		150~200	
堆焊	钛钙型	≥2	150~200	30~60
	低碳钢芯(低氢型)	≥0.5	300~350	
	合金钢芯(钛钙型)	≥1	150~250	
铸铁	石墨型 Z308 等	≥1.5	70~120	30~60
	低氢型 Z116 等	≥0.5	300~350	
铜、镍及其合金	低氢型	≥1	300~350	30~60
	钛钙型		200~250	30~60
	石墨型		120~150	30

表 1-26　每米焊缝熔敷金属质量及焊条消耗量

焊接接头种类	焊件厚度/mm	焊缝熔敷金属截面积/mm²	焊缝熔敷金属质量/(g/m)	焊条消耗量/(g/m)
不开坡口对接	1.5	3.9	31	52
	2.0	7.0	55	92
	2.5	9.5	75	125
	3.0	12.1	95	159
V形坡口对接	4.0	16	126	210
	6.0	30	236	334
	8.0	56	440	735
	10	80	628	1049
	12	108	848	1416
	16	176	1382	2308
	20	230	2198	3671
	24	384	3014	5034

焊接接头种类	焊件厚度 /mm	焊缝熔敷金属截面积 /mm²	焊缝熔敷金属质量 /(g/m)	焊条消耗量 /(g/m)
双面V形坡口对接	12	84	660	1101
	16	126	989	1652
	20	176	1382	2307
	24	234	1837	3068
	28	300	2355	3933
	32	374	2936	4003
	36	456	3580	5978
	40	546	4286	7158
搭接	1.5	6.7	53	88
	2.0	10.8	85	142
	2.5	11.7	92	153
	3.0	12.6	99	165
不开坡口角接	2.0	6.7	55	92
	3.0	10.8	71	119
	4.0	11.7	133	222
	5.0	12.6	184	307
单边V形坡口角接	4.0	19	149	249
	6.0	33	259	433
	8.0	51	400	668
	12	99	777	1298
	16	164	1287	2149
	20	244	1915	3198
	24	340	2669	4457
	28	508	3988	6660
双边V形坡口角接	12	106	832	1389
	16	188	1476	2465
	20	284	2229	3723
	24	400	3140	5244
	28	522	4098	6844
单边V形坡口T形接	4.0	21.5	169	282
	6.0	37.5	294	491
	8.0	60.5	473	791
	12	157.5	1236	2065
	16	262.7	2062	3444
	20	395.9	3108	5190
	24	557.3	4375	7306
	28	746.6	5861	9788

焊接接头种类	焊件厚度/mm	焊缝熔敷金属截面积/mm²	焊缝熔敷金属质量/(g/m)	焊条消耗量/(g/m)
双边V形坡口T形接	12	53.6	421	703
	16	99.1	778	1299
	20	197.8	1553	2593
	24	332.6	2611	4360
	28	434.2	3409	5692
	32	550	4318	7210
	36	639.7	5336	8911
	40	823.5	6465	10796

⑦ 低氢焊条在常温下超过 4h，应重新进行烘干。重复烘干次数不得超过 3 次。

⑧ 烘干焊条时，禁止将焊条突然放进高温炉中，防止骤热使药皮脱裂。

⑨ 焊条不得成捆放入烘干箱中，应层状铺放，每层不应太厚，一般放 1～3 层。

⑩ 焊条烘干时应作好记录，其内容包括牌号、批号、温度、时间等。

思 考 题

1. 焊接电源有何要求？

2. 焊工常用什么辅助工具？

3. 常用的电焊条有哪些牌号？

4. 电焊条焊前为什么要烘干？

5. 碱性焊条的烘干温度是多少？

第二章 电焊工操作技能训练

第一节 手工电弧焊

手工电弧焊是熔化焊中最基本的焊接方法。

手工电弧焊（简称手弧焊）是利用手工操纵焊条进行焊接的电弧焊方法。它具有设备简单、操作灵活方便、适用性强、能适应各种条件下的焊接等优点，应用特别广泛。操作时，焊条和焊件分别为两个电极，利用焊条与焊件之间产生的电弧热量，熔化母材金属，冷却后形成焊缝。

一、焊接接头和坡口

利用焊接方法连接起来的接头，称为焊接接头（简称接头）。焊接接头包括焊缝、熔合区和热影响区。

在手弧焊中，由于焊件厚度、结构形式及使用条件的不同，其焊接接头和坡口形式也各不相同。根据国家标准（GB 985）的规定，焊接接头的基本形式可分为对接接头、角接接头、T 形接头和搭接接头四种，如图 2-1 所示。

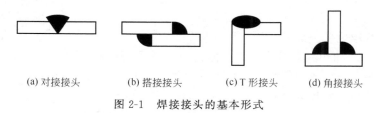

(a) 对接接头　　(b) 搭接接头　　(c) T 形接头　　(d) 角接接头

图 2-1　焊接接头的基本形式

焊接结构中，有时还有一些其他类型的接头，如十字接头、端接头、卷边接头、套管接头、斜对接接头、锁底对接接头。

1. 焊缝形式

焊缝就是焊件经焊接后形成的结合部分。焊缝可按如下不同方法进行分类。

(1) 按焊缝在空间位置的不同分类（焊缝空间倾角位置参见图2-2）

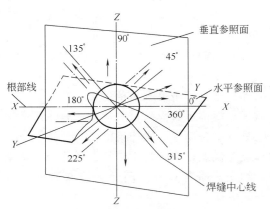

图2-2　焊缝空间倾角位置

① 平焊缝　它是焊缝倾角在0°～5°，焊缝转角在0°～10°的水平位置施焊的焊缝，称为平焊缝。

② 立焊缝　它是焊缝倾角在80°～90°，焊缝转角在0°～180°的立向位置施焊的焊缝，称为立焊缝。

③ 横焊缝　它是在焊缝倾角为0°～5°，焊缝转角在70°～90°的横焊位置施焊的焊缝，称为横焊缝。

④ 仰焊缝　它是在焊缝倾角为0°～5°，焊缝转角在165°～180°的仰焊位置施焊的焊缝，称为仰焊缝。

⑤ 角焊缝　它是在焊缝倾角为0°～5°，焊缝转角在115°～180°的倾向位置施焊的焊缝，称为角焊缝。

(2) 按焊缝的结合形式分类

① 对接焊缝　在焊件的坡口面间焊接的焊缝，称为对接焊缝。

② 角焊缝　沿两直交或近似直交的交线所焊的焊缝，称为角焊缝。

（3）按焊缝断续情况分类

① 定位焊缝　焊接前，为装配和固定焊件而焊接的短焊缝，称为定位焊缝。

② 连续焊缝　沿接头全长不间断焊接的焊缝，称为连续焊缝。

③ 断续焊缝　沿焊缝全长焊接具有一定间隔的焊缝，称为断续焊缝。它又可分为并列断续焊缝和交错断续焊缝。

2. 焊缝代号

在施工图纸上，标注焊接方法、焊接形式和焊缝尺寸的符号，称为焊缝代号。

（1）焊缝符号　焊缝符号国家标准为 GB 324。焊缝符号主要由基本符号、辅助符号、补充符号、引出线和焊缝尺寸符号等组成。各种焊缝的名称、基本符号可参见附录一。

辅助符号是表示焊缝表面形状特征的符号，如不需要确切说明焊缝表面形状时，可不用辅助符号。辅助符号种类、应用举例可参见附录一。

补充符号是为了补充说明焊缝特征采用的符号。符号的种类名称及应用举例见附录一。

（2）引出线　引出线一般由带箭头的指引线（简称箭头线）和两条基准线（一条为实线，另一条为虚线）两部分组成，如图 2-3 所示。

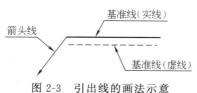

图 2-3　引出线的画法示意

箭头线相对焊缝的位置，一般没有特殊要求，但是在标注 V 形、Y 形、J 形焊缝时，箭头线应指向带有坡口一侧的工件。必要时，允许箭头线折弯一次。

基准线的虚线可以画在基准线的实线下侧或上侧。基准线一般应与图样的底边相平行，但在特殊条件下，亦可与底边相垂直。

至于焊缝基本符号在基准线上的位置,有如下规定。

① 如果焊缝在接头的箭头侧(指箭头线箭头所指的一侧),则将基本符号标在基准线的实线侧,如图 2-4(a)所示。

② 如果焊缝在接头的非箭头侧,则将基本符号标在基准线的虚线侧,如图 2-4(b)所示。

③ 标注对称焊缝及双面焊缝时,可不加虚线,如图 2-4(c)、(d)所示。

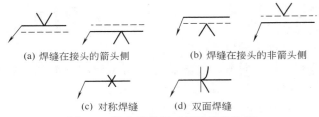

(a) 焊缝在接头的箭头侧   (b) 焊缝在接头的非箭头侧

(c) 对称焊缝   (d) 双面焊缝

图 2-4 基本符号相对基准线的位置

(3)焊缝尺寸符号及数据标注原则 焊缝尺寸一般不标注。如需要注明焊缝尺寸时,其尺寸符号见表 2-1。

表 2-1 焊缝尺寸符号

符 号	名 称	示 意 图
δ	板材厚度	
α	坡口角度	
b	对接间隙	
c	焊缝宽度	

符　号	名　　称	示　意　图
R	U形坡口圆弧半径	
P	钝边高度	
l	焊缝长度	
S	焊透深度	
H	坡口高度	
e	焊缝间距	
K	焊脚高度	
d	焊点直径	

符　号	名　　称	示　意　图
n	相同焊缝数量	
h	（也称余高）焊缝增高量	

　　焊缝尺寸符号标注时，应注意标注位置的正确性。标注位置的原则如下。

　　① 焊缝横截面上的尺寸，标在基本符号的左侧，如钝边高度 P、坡口高度 H、焊脚高度 K、焊缝余高 h、焊透深度 S、U 形坡口圆弧半径 R、焊缝宽度 C、焊点直径 d 等。

　　② 焊缝长度方向的尺寸标注在基本符号的右侧，如焊缝长度、焊缝间距等。

　　③ 坡口角度 α、根部间隙 b 等尺寸标在基本符号的上侧或下侧。

　　④ 相同焊缝数量符号标在基准线尾部。

　　⑤ 当需要标注的尺寸数据较多，又不容易分辨时，可在数据前面增加相应的尺寸符号。

　　上述原则，当箭头线方向变化时，其标注原则不变。

　　二、技能训练

　　1. 要领口诀

　　焊工在操作技能练习中，要善于总结心得体会，从中得到启发和提高。有些焊工，特别是初学者，往往对基本操作要领理解不透，记忆不牢，难于掌握操作技巧。这一直是焊工培训中难以解决的问题。如果把那些基本训练的手法，用简练的语言，编成口诀或

"顺口溜"，一定会收到事半功倍的效果。例如，当焊工培训后，对操作技能考核时，一般常采取单面焊双面成形的焊接工艺，这种焊件的工艺可概括成以下口诀。

① 手工电弧焊平焊口诀

一听二看要记清，焊接规范要适中。

短弧焊接是关键，电弧周期应缩短。

焊接速度要均匀，熔池保持椭圆形。

收弧弧坑要填满，给足铁水防缩孔。

（"一听"是指听电弧穿透声；"二看"是看熔池温度及形状变化。）

② 手工电弧焊立焊口诀

熔池尺寸要适当，熔渣铁水要分清。

熄弧铁水要给足，防止反面出气孔。

运条动作要灵活，接头要听电弧声。

坡口两侧熔合好，防止缺陷保成形。

此外，焊接参数对焊接质量影响很大，如选择不当，不仅会影响操作的难易程度，而且要影响焊接质量。在技能培训中选用"经验公式"来选择焊接参数，效果会明显提高。所谓经验公式，就是在生产实践中总结出来的使用简单、记忆方便、正确的数学公式。如手工电弧焊的公式为

$$l = 11d^2$$

式中　d——焊条直径。

2. 焊接工艺参数的选择

焊接工艺参数（焊接规范），就是为保证质量而选定的诸物理量（如焊接电流、电弧电压、焊接速度、线能量等）的总称。

手工电弧焊的工艺参数，通常包括焊条牌号、焊条直径、电源种类与极性、焊接电流、电弧电压、焊接速度和焊接层次等内容。焊接工艺参数选择得正确与否，直接影响焊缝的形状、尺寸、焊接

质量和生产效率，因此，选择合适的焊接工艺参数，是焊接生产上不可忽视的一个重要问题。

焊条牌号、电流种类的选择已在第一章中进行了论述，手工电弧焊的电弧电压，由弧长决定，和焊接速度一样，一般由规范来规定，焊工可按实际情况适当加以调整。

(1) 焊条直径的选择　从提高生产率的角度出发，应尽可能选用较大直径的焊条，但是，直径过大的焊条焊接，会造成未焊透、焊肉堆积过高、成形不良等现象。因此，必须正确选用焊条的直径。焊条直径的大小与下列因素有关。

① 焊件厚度　一般，焊件厚度越大，选择的焊条直径也越大。焊条直径与焊件厚度的关系，可参照表 2-2。但在实际应用时，还应考虑其他因素。

表 2-2　焊条直径与焊件厚度的关系

焊件厚度	≤1.5	2	3	4～6	8～12	≥13
焊条直径	1.5	1.5～2	2～3.2	3.2～4	3.2～4	4～5

② 焊接位置　在板厚相同的条件下，焊接平焊缝所用的焊条直径，要比其他位置大一些；立焊时最大焊条直径不能超过 5mm，而仰焊、横焊最大直径不超过 4mm。这是为了造成较小的熔池，减小熔化金属的下淌。在焊接固定位置的管道环焊缝时，为适应各种位置的操作，宜选用小直径焊条。

③ 焊接层次　在进行多层焊时，如果第一层焊缝所采用的焊条直径过大，会造成由于电弧拉长而焊不透。为了防止根部焊不透，对多层焊的第一层焊道，（封底层焊道）应采用小直径焊条。以后各层可根据焊件厚度选用较大的焊条直径。

④ 接头形式　搭接接头、T 形接头因不存在全部焊透问题，可选用大直径焊条，以提高生产率。

⑤ 焊件材料性质　对于某些要求防止过热及控制线能量的焊件，宜选用小直径焊条。

（2）焊接电流的选择　焊接时，流经焊接回路的电流，称为焊接电流。焊接电流的大小，是影响焊接生产率和焊接质量的重要因素之一。

增大焊接电流能提高生产率，但电流过大时易形成咬边、烧穿、母材过热等缺陷；同时，增加了金属飞溅，也会使接头处的组织发生过热变化。而电流过小，则易造成夹渣、未焊透、熔合不良等缺陷，降低焊接接头的力学性能。所以必须要选择适当的焊接电流。焊接时，决定焊接电流大小的因素很多，如焊条类型、焊条直径、焊件厚度、接头形式、焊缝位置和焊接层次等，但最主要的是焊条直径和焊接位置。

① 按焊条直径选择　焊条直径的选择取决于焊件的厚度和焊缝位置以及母材的材质。焊条的熔化要靠电弧热来实现，焊条直径越大，所需要的焊条熔化热量也越大，焊接电流就要相应增加。这就产生了电流量与焊芯截面的一定的比例关系，称为电流密度，即单位焊芯截面上通过的电流值，可表示为

$$i = I/F$$

式中　i——电流密度，A/m^2；

　　　I——焊接电流，A；

　　　F——焊接截面积，mm^2。

电流密度大，焊条过热发红，甚至药皮脱落汽化，影响焊接质量；电流密度小，电弧不稳定，熔化不良，不能正常焊接。一般适合焊接的电流密度在 $5\sim25A/mm^2$ 范围内。

为了直接按焊条直径来选择电流，还可根据下面的经验公式进行计算，即

$$I = Kd$$

式中　I——焊接电流，A；

　　　d——焊条直径，mm；

　　　K——经验系数（见表 2-3）。

表 2-3 经验系数

焊条直径 d/mm	1～2	2～4	4～6
经验系数 K	25～30	30～40	40～60

无论按电流密度计算，还是按经验公式计算，得出的焊接电流，都只有个大概数值，在实际生产中，焊工一般都根据自己的经验，以及综合考虑其他因素，来选择适当的焊接电流。

② 根据位置选择　在相同的焊条直径条件下，平焊时，由于运条和控制熔池中的熔化金属都比较容易，因此，可以选择较大的电流进行。但在其他位置焊接时，为了避免熔化金属从熔池中流出，要使熔池尽量小些，所以电流相应要比平焊时小一些。

③ 判断电流大小的实践经验

a. 听声响。焊接时可以从电弧的响声来判断电流的大小。当焊接电流大时，发出"哗哗"声响，犹如大河流水一样；当电流较小时，发出"噔噔"声响，而且容易断弧。电流适中时，会发出"沙沙"的声响，同时夹着清脆的"劈啪"声。

b. 看飞溅。电流过大时，电弧吹力大，可看到较大的铁水颗粒向熔池外飞溅，焊接时爆裂声大；电流过小时，电弧吹力小，熔渣和铁水不容易分清。

c. 看焊条熔化状态。电流过大时，当焊条熔化到半截以后，剩余焊条出现红热状态，甚至出现药皮脱落现象，如果电流过小，焊条熔化困难，容易粘在焊件上。

d. 看熔池状况。在焊接过程中，观察熔池状况，调整操作方法，是得到预期理想焊缝形状常用的方法，熔池的形状可以反映出电流的大小，如图 2-5 所示。

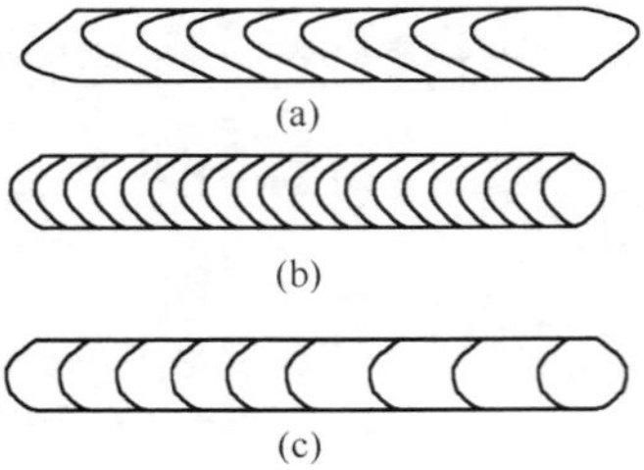

(a)

(b)

(c)

图 2-5　熔池形状示意

当电流大时，熔池呈长形［见图 2-5（a）］；电流小时，熔池呈扁形［见图 2-5（b）］；电流适中时，熔池形状是鸭蛋形［见图 2-5（c）］。

e. 看焊缝成形。电流过大时，熔深大，焊缝宽而低，两侧容易产生咬边，焊波粗糙；电流过小时，焊缝窄而高，两侧与母材金属熔合不良；电流适中时，焊缝两侧与母材金属熔合良好，焊缝成形良好，焊波美观，高度适中，呈圆滑过渡。

（3）焊接电压的选择　手工电弧焊的电弧电压主要由电弧长度来决定。电弧长，电弧电压高；电弧短，电弧电压低。

在焊接过程中，电弧不能过长，否则会出现以下几种不良现象。

① 电弧不稳定，易跳动，电弧的热量分散，飞溅增多，造成金属和热能的浪费。

② 熔深小，容易产生咬边、未焊透、焊缝表面高低不平和焊波不均匀等缺陷。

③ 对熔池的保护差。空气中的氧、氮等有害气体容易侵入，使焊缝产生气孔的可能性增大，焊缝的力学性能降低。

所以，在焊接时要力求采用短弧，当立、横焊时，弧长应比平焊时更短些，以利于熔滴的过渡，防止熔池金属下淌。碱性焊条比酸性焊条电弧更短一些，让电弧稳定和防止产生气孔。

所谓短弧，一般认为应是焊条直径的 0.5～1.0 倍，其计算公式为

$$l_{弧} = (0.5 \sim 1.0)d$$

式中　　$l_{弧}$——电弧长度，mm；

　　　　d——焊条直径，mm。

（4）焊接速度　单位时间内完成的焊缝长度称为焊接速度。焊接过程中，焊接速度应均匀适当，既要保证焊透，又不能烧穿，同时还要让焊缝符合图纸设计要求。

如果焊接速度慢，焊缝在高温停留时间长，热影响区增宽，焊接接头晶粒变粗，力学性能下降，同时变形量也会增大。

若焊接速度太快，熔池温度不够，容易造成未焊透、未熔合、焊缝成形不良等缺陷。

焊接速度直接影响着焊接生产率。因此，在保证质量的基础上，选择适当的焊接速度，以提高焊接生产率。

（5）焊接层次　在焊接生产中，往往需要多层焊。对于一般低碳钢，每层焊缝厚度，对力学性能的影响不大。但对质量要求高的合金钢、不锈钢等，每层焊缝最好不要大于 4～5mm。

根据实践经验，每层焊缝厚度约等于焊条直径的 0.5～1.2 倍时，生产效率高，并较容易掌握和操作。因此，对焊接层次的数量，可按如下经验公式计算，即

$$n = \frac{\delta}{md}$$

式中　n——焊接层数；

　　　　δ——焊件厚度，mm；

　　　　m——经验系数，一般取 $m = 0.8 \sim 1.2$；

　　　　d——焊条直径，mm。

以上各项焊接工艺参数，在选择时不能以一个单项参数的大小，来衡量对焊接接头的影响。因为一个单项参数不能代表全面工艺。例如，增大焊接电流，虽然热量会增大，但不能说加到焊接接头上的热量也增大，因为不要看焊接速度的变化情况。当焊接电流增大时，如果焊接速度也相应增大，则焊接接头所得到的热量，就不一定增大，对焊接接头的影响也不会改变。因此，对焊接工艺参数的大小，应综合考虑，采用"线能量"来表示。

所谓"线能量"，是指熔化焊时输入单位长度焊缝上的能量。

电弧焊时，焊接的能源是电弧，根据焊接电弧可知，焊接时是通过电弧将电能转换成热能，利用这种热能来加热和熔化焊件与焊条。如果把电弧看作是全部电能转换成热能时，则电弧的功率由下式表示，即

$$q_0 = I_h U_h$$

式中　I_h——焊接电流，A；

　　　　U_h——电弧电压，V；

　　　　q_0——电弧功率，即电弧在单位时间内所析出的能量，J/s。

实际上电弧所产生的热量不可能全部都用于加热熔化金属，总会有一些损耗。例如，飞溅带走的热量，辐射、对流到空气间的热量，还有熔渣加热和蒸发所消耗的热量等。所以，电弧功率中一部分被损失，只有一部分能量利用在加热焊件，因此真正有效加热焊件的功率为

$$q = h I_h U_h$$

式中　q——电弧有效功率系数；

　　　h——电弧功率，J/s。

在一定条件下 h 是个常数，主要取决于焊接方法焊接规范和焊接材料的种类，各种弧焊方法在通用焊接规范条件下的电弧焊有效功率系数 h 值列于表 2-4。

表 2-4　各种电弧焊有效功率系数 h 值

焊接方法	h 值	焊接方法	h 值	焊接方法	h 值
直流手工电弧焊	0.75～0.85	埋弧自动焊	0.80～0.90	钨极氩弧焊	0.65～0.75
交流手工电弧焊	0.65～0.75	CO_2 气体保护焊	0.75～0.90	熔化极氩弧焊	0.70～0.80

各种焊接方法的有效功率系数，在其他条件不变的情况下，均随着电弧电压的升高而降低，因为电弧电压升高，即电弧长度增加，热量辐射损失增多。

当焊接电流大，电弧电压低时，电弧的有效功率就大。但这并不等于单位长度的焊缝上所得到的热能一定多。因为焊件受热程度还受焊接速度的影响。例如，用较小的电流，小焊速时，焊件受热也可能比大电流配合大焊速时还要严重。显然，在焊接电流、电压不变的条件下，加大焊速，焊件受热减小。因此，线能量为

$$\frac{q}{v} = n \frac{I_h U_h}{v}$$

式中　$\dfrac{q}{v}$——线能量，J/cm；

　　　v——焊接速度，cm/s。

焊接工艺参数对热影响区的大小和性能有很大影响。采用小的工艺参数，如降低焊接电流、增大焊接速度等，都可能减小热影响

区尺寸。不仅如此，以防止过热组织上和晶粒粗化角度看，也是采用小的参数比较好。

从图 2-6 可看出，当电流增大或焊接速度减慢，使焊接线能量增大时，过热区的晶粒尺寸粗大，韧性严重降低；当焊接电流减小或焊接速度增快，在硬度、强度提高的同时，韧性也会变差。因此，对于具体钢种和焊接方法，存在一个最佳的焊接规范。例如，图 2-6 中，20Mn 钢，板厚 16mm，堆焊时，当线能量在 $q/v = 3000\text{J/cm}$ 左右，可以保证焊接接头具有最好的韧性。线能量大于或小于这个最佳的数值范围，都要引起塑性和韧性的下降。

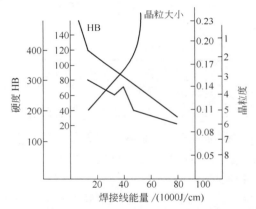

图 2-6　焊接线能量对 20Mn 钢热影响区性能的影响

以上是线能量对热影响区性能的影响。对于焊缝金属的性能，线能量也有类似影响。不同的钢种，最佳线能量也不一样。此外，还应指出，仅仅线能量符合要求还不够，所以即使线能量相同，其中 I_h、U_h、U_r 数值可能也有很大差别。当这些参数之间配合不合理时，还是不能得到良好的焊缝性能。例如，在电流很大，电压较低的情况下，得到的是窄而深的焊道；而当减小电流，提高电压，则得到了较好的焊缝成形。因此，要在参数合理的原则下，选择合理的线能量。

焊碳素钢手工电弧的常用焊接规范列于表 2-5。表中数据仅供参考，焊接时焊工应根据技术熟练程度合理选用。

表 2-5　碳素钢手工电弧焊焊接规范

焊缝位置	焊缝断面形状	焊件厚度或焊脚尺寸/mm	第一层焊缝		其他各层焊缝		封底层焊缝	
			焊条直径/mm	焊接电流/A	焊条直径/mm	焊接电流/A	焊条直径/mm	焊接电流/A
对接平焊缝		2	2	55~60			2	55~60
		2.5~3.5	3.2	90~120			3.2	90~120
		4~5	4.0	160~200			4.0	160~200
		4~5	5.0	200~260			5.0	200~260
		5~6	4	160~200	—	—	—	—
		≥6	4	160~200	4	160~200		
		≥6	4	160~200	5	200~260		
		≥12	4	160~200	5	200~260		
立焊对接焊缝		2	2	50~55			2	2
		2.5~4	3.2	80~110			2.5~4	3.2
		5~6	3.2	80~120	—	—	—	—
		7~10	3.2	90~120	4	120~160	3.2	90~120
		≥11	4	120~160	4	120~160	3.2	90~120
		12~18	3.2	90~120	4	120~160	—	—
		≥19	4	120~160	4	120~160	—	—
横对接焊缝		2	2	50~55			2	50~55
		2.5	3.2	80~110			2.5	80~110
		4	3.2	90~120			4	90~120
		4	4	120~160			4	90~120
		5~8	3.2	90~120	3.2	90~120	3.2	90~120
		5~8	3.2	90~120	4	140~160	4	140~160
		≥9	3.2	90~120	4	140~160	3.2	90~120
		≥9	4	140~160	4	140~160	4	140~160
		14~18	3.2	90~120	4	140~160	—	—
		14~18	4	140~160	4	140~160	—	—
		≥19	4	140~160	4	140~160	—	—

焊缝位置	焊缝断面形状	焊件厚度或焊脚尺寸/mm	第一层焊缝 焊条直径/mm	第一层焊缝 焊接电流/A	其他各层焊缝 焊条直径/mm	其他各层焊缝 焊接电流/A	封底层焊缝 焊条直径/mm	封底层焊缝 焊接电流/A
仰焊对接焊缝		2	—	—	—	—	2	50~65
		2.5	—	—	—	—	3.2	80~110
		3.2	—	—	—	—	3.2	90~110
			—	—	—	—	4	120~160
		5~8	3.2	90~120	3.2	90~120		
					4	140~160		
		≥9	3.2	90~120	4	140~160	—	
			4	140~160				
		12~18	3.2	90~120	4	140~160	—	
			4	140~160				
		≥19	4	140~160	4	140~160		

三、各种位置焊接操作手法

由于焊缝所处的位置不同，焊接时必须选择不同的焊接规范。各种位置焊接操作手法的共同要点是：应当通过保持正确的焊条角度和掌握好运条的三个动作，严格控制熔池温度在一定的正常范围内，使熔池金属中的气体、杂质能彻底排除并与基本金属熔合良好、成形美观。要实现这一目的，关键在于观察熔池形状及熔池状态，判断熔池温度，及时调整焊接规范及操作手法。

(1)平焊位置焊接操作　平焊是手工电弧焊焊工的操作基础。其主要操作要点如下。

a.平焊时，由于焊缝处在水平位置，熔滴主要靠自重过渡，熔池金属不易外流。因此，操作比较简单、容易掌握，可以使用较大电流，生产效率高。

b.熔池和液态金属、熔渣容易混在一起，出现分不清现象。当熔渣超前时，则容易造成夹渣。

c. 由于焊接参数和操作手法不当，在焊接第一层时，容易产生焊瘤及未焊透等缺陷。因此，在焊接对接平缝时，最好采用双面焊，即焊完正面后，在背面清根，然后再焊背面焊缝。

平焊位置焊缝有不开坡口对接焊、开坡口对接焊和平角焊三种形式。

① 不开坡口对接焊　不开坡口对接焊一般用于板厚 3～6mm 的焊缝。焊件装配时，应保证两板对接处平齐，间隙要均匀，定位焊的焊缝长度及间距与板厚有关（见表 2-6），定位焊的电流一般比正式焊接时大 10%～15%。

表 2-6　定位焊的焊缝长度及间距/mm

焊件厚度	定位焊缝尺寸		焊件厚度	定位焊缝尺寸	
	长度	间距		长度	间距
<4	5～10	50～100	>12	15～30	100～300
4～12	10～20	100～200			

正面焊缝选用直径 3.2mm 的焊条、焊接电流为 0～120A；直线形运条，短弧焊接，焊条角度如图 2-7 所示。

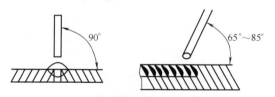

图 2-7　对接平焊的焊条角度

为了获得较大的熔深和宽度，运条速度可慢些，使熔深达到板厚的 2/3。焊缝宽度应在 5～8mm，焊缝余高小于 1.5mm 为宜，如图 2-8 所示。

操作过程中，如发现熔渣与铁水混合，不易分清，即可把电弧稍微拉长一些，同时将焊条向焊接方向倾斜，并向熔池后面推送熔渣，将熔渣推到熔池后面（见图 2-9），维持焊接过程正常进行。

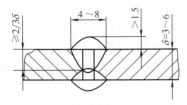

图 2-8 不开坡口对接焊缝尺寸

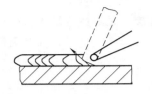

图 2-9 推送熔渣方法示意

正面焊完之后，经清根打磨，进行反面焊，用直径 3.2mm 焊条，电流可比正面稍大，运条速度也快一些，以熔透剩余母材金属。

② 开坡口的对接焊 当焊件板厚大于 4～6mm 时，为使电弧直接作用到焊缝根部，以保证焊透，焊件的端部应开坡口。一般有 V 形、X 形和 U 形等。焊接层次有多层焊、多层多道焊，如图 2-10 所示。

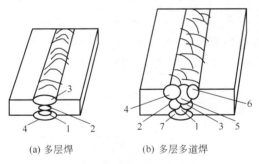

(a) 多层焊　　　　　(b) 多层多道焊

图 2-10　焊缝的层次示意

多层焊是熔敷两个以上焊层完成一条焊缝的焊接。而且，焊缝每一层由一条焊道完成。焊接第一层（打底层）时，选取直径较小的焊条（一般为 3.2mm）。运条方法视间隙大小而定。间隙大的，使用直线往复运条法，以防止烧穿。当间隙太大，而无法一次焊成时，则可用缩小间隙法来完成打底层的焊接。如图 2-11 所示。即先在坡口两侧各堆敷一条焊道，使间隙缩小，然后再焊中间层。

中间层的焊接，也称为填充焊，主要目的是填满坡口，可选用较大直径焊条和焊接电流。焊条一般用 4~5mm，锯齿形运条，摆动幅度视坡口宽度而定。但在坡口两侧应稍作停留，以保证边缘熔合良好，不要形成过窄的夹角，防止熔合不良或夹杂。每层的焊接方向应相反，且将层间的接头错开。每焊完一层焊道，都要把表面的熔渣、飞溅等清理干净再焊下一层。

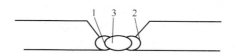

图 2-11　缩小间隙打底层的焊法

　　a. 盖面层。即多层焊的表面层。此层要求达到一定宽度和高度，符合图纸或规范标准。运条时可采用月牙法或圆圈法等方法，焊缝两侧要平滑过渡，不应有棱角或粗糙的焊波，以保证焊道表面成形美观。

　　b. 封底层。也称背面焊层。此层应选用较大的电流，以增加熔深，保证焊透。运条可视焊缝宽度采用直线法、小月牙法和圆圈法。

　　③ 平角焊　平角焊包括角接接头、T 形接头和搭接接头。它们的操作方法相类似，所以只以 T 形接头为例。角接接头的各部位名称如图 2-12 所示。

　　增大焊脚尺寸，可增加接头的承载能力。一般，焊脚尺寸随焊件厚度增大而增加，见表 2-7。

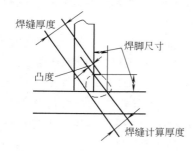

图 2-12　角接接头的各部位名称

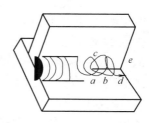

图 2-13　平角焊时斜圆圈运条法示意

表 2-7　焊脚尺寸与焊件厚度的关系/mm

钢板厚度	≥2～3	>3～6	>6～9	>9～12	>12～16	>16～23
最小焊脚尺寸	2	3	4	5	6	8

　　焊脚尺寸决定焊接层次和焊道数。一般，当焊脚尺寸在 8mm 以下时，通常采用单道焊，焊条直径可按板厚选取 3～5mm，使用斜圆圈法或三角形运条施焊。但运条必须有规律，不然容易产生咬边、夹渣、边缘熔合不良等缺陷。斜圆圈运条法如图 2-13 所示，由 $a \rightarrow b$ 要慢些，以保证水平一侧熔深；由 $b \rightarrow c$ 稍快，防止熔化金属下淌；在 c 点稍作停留，以保证垂直一侧熔合，避免咬边；由 $c \rightarrow d$ 稍慢，防止夹渣；由 $d \rightarrow e$ 稍快，到 e 点停顿。按上述规律性运条，就能得到满意的焊缝。

　　焊脚尺寸小于 5mm 的焊缝，可采用直线运条法，短弧焊，焊条与水平板呈 45°，与前进方向呈 65°～80°。如果角度太小，会造成根部熔合不良；角度过大，熔渣容易流到熔池前面造成夹渣。焊接时要适当调整焊接规范，注意避免咬边、偏肉等缺陷。

　　当焊脚尺寸在 8～10mm 时，如果单层焊不能得到所需要的焊脚高度时，可采用双层焊。焊第一层时，采用直径 3.2mm 焊条，焊接电流可稍大些（100～140A），以获得较大的熔深。运条采用直线法，收尾时应把弧坑填满或略高些。这样，在焊第二层收尾时，不会因焊缝温度增高而产生弧坑过低现象。焊第二层时，必须将第一层的熔渣清除干净，电流不宜过大，运条采用斜圆圈法或斜三角形法，注意避免咬边和熔化金属下淌。

　　对焊脚尺寸大于 10mm 的角焊缝，由于焊缝表面尺寸较宽，熔化金属容易下淌。所以，要采用多层多道焊，如焊脚在 10～12mm，一般用二层或三层焊完。第一层用 3.2mm 的焊条，较大的焊接电流，直线法运条，收尾时注意填满弧坑，焊后清理好熔渣。焊第二层时，对第一层焊道覆盖不小于 2/3，焊条与水平焊件的角度稍大些，应在 45°～55°（如图 2-14 所示），以使熔化金属与水平焊件熔合好。焊条与焊接方向夹角仍为 65°～80°。运条用斜圆圈法，与图 2-13 基本相同，但在 c、e 点位置不需停留。

　　焊接第三层时，对第二层焊道的覆盖应有 1/3～1/2，焊条与平焊件的角度为 40°～45°（如图 2-14 中的"3"位）。角度太大，容易产生焊脚下偏现象。运条可用直线法，速度保持均匀，但不宜太慢。因为太慢容易产生焊瘤，影响焊缝成形。焊接过程中，如发现第二道焊道覆盖第一层焊道大于 2/3 时，在焊接第三道时，可采用直线往复运条法以免第三道过高。若第二道焊道覆盖第一层太少时，第三道焊道焊接可采用斜圆圈运条法，运条时，在垂直焊件上稍作停留，防止咬边，就能弥补由于第二道覆盖过少而产生的焊脚下偏现象。

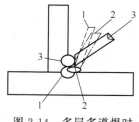

图 2-14　多层多道焊时
焊条的角度示意

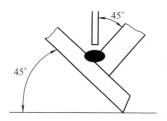

图 2-15　船形焊位置示意

　　为了克服平角焊时容易产生咬边和焊脚不均匀的缺陷，在实际生产中，如果能将焊件转动，变为图 2-15 所示的焊接位置，称为船形焊。此时，可采用以对接平焊的操作方法，有利于选用大直径焊条和大电流施焊，增加熔深，而且一次焊成的焊脚高度，最大可达到 10mm 以上，生产效率高，质量好，焊缝成形美观。因此，当有条件时，应尽量采用船形焊工艺。

　　平焊时的注意事项如下。

　　① 操作姿势要求正确，运条方法适当、灵活。

　　② 焊缝平整，焊波基本均匀，无焊瘤、塌陷。

　　③ 焊脚局部咬边不应大于 0.5mm，尺寸均匀。例如，焊件厚度 4～8mm 时，允许焊脚尺寸偏差为 $\pm_0^2$，当板厚为 10～12mm 时，允许焊脚尺寸偏差为 $\pm_0^{1.5}$。

④ 焊缝形状应符合图 2-16（c）的要求。这种形状呈圆滑过渡，应力集中最小。

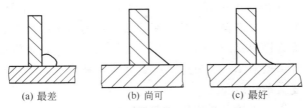

(a) 最差　　　　　(b) 尚可　　　　　(c) 最好

图 2-16　平焊角焊缝焊角断面形状

（2）立焊位置操作技术　向上立焊法，对于初学者来说，比平焊操作要困难些。因为在重力作用下，焊条熔化所形成的熔滴及熔池中的液态金属要向下淌，这样就使焊缝成形困难，表面成形不如平焊缝美观。当运条方法不当时，容易产生咬边以及背面烧穿形成焊瘤。为了克服这些困难，一般常采用以下措施。

a. 采用较小的焊条直径（直径在 4mm 以下），选择小的焊接电流（比平焊对接缝时小 10%～15%），使熔池体积减小，铁水冷却凝固快，从而减少和控制液体金属的下淌。

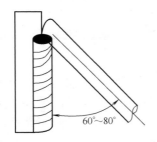

图 2-17　正确的焊条角度示意

b. 正确掌握焊条角度。焊接时焊条应处于通过两焊件接口位置，而又垂直于焊件平面，并与焊件构成 60°～80° 的夹角，如图 2-17 所示。这样角度的电弧吹力，对熔池有向上推的作用力，有利于熔滴过渡并能托住熔池铁水。

c. 采用短弧焊接，弧长一般不超过焊条直径，促使形成短路过渡形式，以减少熔滴的散失，使熔滴能顺利过渡到熔池中去。

d. 掌握操作姿势。为了便于观察熔池和熔滴过渡情况，操作时可采取胳臂有依托和无依托两种姿势。所谓有依托，是将胳臂轻贴在身体的肋部或大腿、膝盖位置上，焊接时比较平稳省力；所谓无依托，是把胳臂半伸开或全伸开悬空操作，主要靠胳臂的伸缩来调节焊条的运条。这种操作胳臂的活动量大，操作较困难。因此，操作姿势应根据操作者具体情况灵活运用。

e. 焊钳握法。焊钳有正握法和反握法两种。一般常采用正握法，因为这种方法适合较低的焊接部位和难施焊的位置。但也有用反握法的，这要根据焊工的操作习惯灵活运用。

① 不开坡口的对接立焊　一般在板厚 6mm 以下，可采用不开坡口对接立焊。除按上述操作要领操作外，还要运用不同的运条方法，防止烧穿，以取得良好的焊缝表面成形。焊件厚度在 4mm 以下时，可一次焊成。焊件厚度在 5～6mm 时，可分两层焊接。为了确保焊透，组对的间隙可稍大些。第一层主要是要求焊透；焊第二层则要注意到焊缝的表面成形。反面的封底焊，既要注意熔透，又要掌握焊缝表面成形。

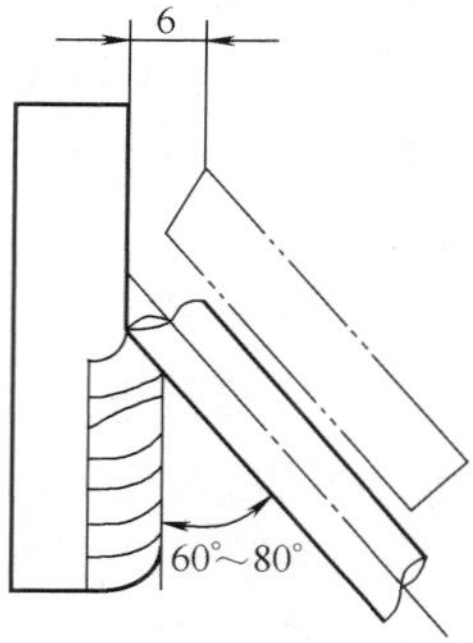

a. 跳弧法。跳弧法是直线运条法的一种，就是当熔滴脱离焊条末端过渡到熔池后，立即将电弧向焊接方向提起，使熔池温度不致持续上升，有一个冷凝的机会。这时，为不使空气侵入，其提起长度不宜超过 6mm，如图 2-18 所示。

此时，可观察到冷凝变小，亮度降低，当熔池缩小到焊条直径的 1～1.5 倍时，随即将提起的电弧拉回，在原熔池稍

图 2-18　跳弧法操作示意

上一点压低电弧，使熔滴再过渡到焊缝上，形成新的熔池。当新熔池达到一定形状大小后，再提起电弧，如此不断的重复熔化→冷却→凝固→再熔化的过程，就能由下向上形成一条焊缝。

b. 灭弧法。灭弧法常应用在不锈钢立焊、薄板立焊、间隙较大的立焊和立焊的收尾处。灭弧法的操作方法是，当电弧在熔池上稍加停顿，熔滴过渡到溶池，并使熔池达到一定形状和大小后立即熄灭电弧（如图 2-19 所示），使熔池金属有随时凝固的机会。然后再将焊条移到弧坑上，趁热引燃电弧。灭弧时间，在开始阶段可以

(a) 正常　　　　　(b) 温度稍高　　　　(c) 温度过高

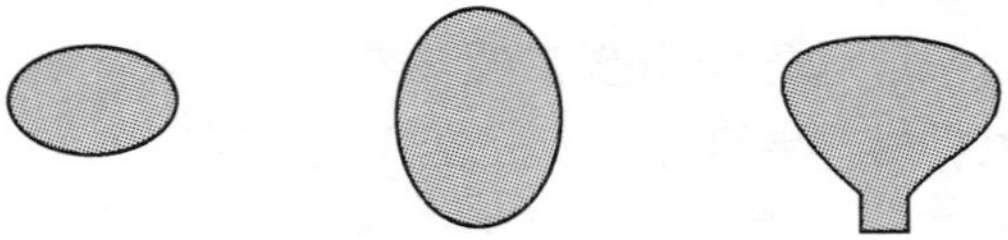

图 2-19　熔滴温度与形状示意

短些，随着焊接时间的延长，焊件温度的升高，灭弧时间也要增加。由于灭弧后对熔池和熔滴的保护性能较差，所以碱性焊条一般不宜使用。

不论采用哪种方法焊接、起头时，当电弧引燃后，应将电弧稍微拉长，以对焊缝端头稍有预热，随后再压低电弧进行正常焊接。

立焊对接焊缝的接头比较困难，容易产生夹渣、焊缝凸起等缺陷。因此，接头时更换焊条要迅速，采用热接法。接头时，往往有铁水拉不开、熔渣与铁水混在一起等现象。这主要是由于更换焊条占用的时间太长、引弧后预热不够以及焊条角度不正确等引起的。产生这种现象时，同时把焊条角度增大（与焊缝呈 90°），这样熔渣就会自然滚落下去。

② 开坡口对接立焊　钢板厚度大于 6mm 时，为保证焊透，一般都要开坡口焊接。坡口形状、角度及焊层的多少，要根据焊件的厚度来决定。开坡口的立焊，每一层都要引起注意，如果焊道不平整，中间高两侧低，甚至形成夹角，则不仅给清除熔渣带来困难，而且会因成形不良而造成夹渣、未焊透等缺陷。所以在操作上要注意到以下几点。

a. 打底层的焊接。打底层的焊接是立焊的关键。尤其是背面不能进行封底的焊道，要求熔深必须均匀。打底层的焊接要选用直径 3.2mm 的焊条，根据间隙大小，灵活运用操作手法。例如，为使根部焊透，背面又不致产生塌陷，这时在熔池上方要熔透一个小孔，其直径等于或稍大于焊条直径。运条方法对厚焊件可采用小三角形运条法，在每个转角处稍作停留；对中厚板或较薄焊件，可采用小月牙形、锯齿形运条法或跳弧法。不论哪种运条法，如果运条到中间时不加快速度，熔化金属就会下淌，使焊道成形不良。在焊接过程中，要通过熔池的形状，来判断熔透情况，及时调整运条方法和焊接规范，达到背面熔透、正面平齐的要求。

b. 表面层的焊接。首先要注意靠近表面层的焊道质量。一方面，要使各层焊道凸洼不平的成形，在这一层应加以调整，为焊好表面层打下基础；另一方面，这层焊道一般应低于焊件表面 1mm 左右，而且焊道中间应有些下凹，以保证表面成形美观。

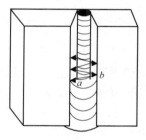

图 2-20　开坡口对接立焊
表面层的运条方法示意

表面层焊缝是多层焊的最外一层焊道，需满足焊缝外形尺寸要求。运条方法可根据焊缝余高的要求不同来选择，如余高要求大一些，焊条可进行月牙形摆动；如要求表面稍平时，焊条可进行锯齿形摆动。运条的速度要均匀，摆动要有规律性，如图 2-20 所示。

图 2-20 中，运条到 a、b 两点时，应将电弧进一步缩短并稍作停留，这样有利于熔滴的过渡和防止咬边。从 a 点到 b 点时要稍快些，以防止产生焊瘤。如操作熟练时，也可以采用大一些的电流，运条仍用短弧，快速摆动，并在坡口边缘稍作停留。这样，表层焊缝不仅较薄，焊波细密且平整美观。

③ 角接立焊　角接立焊与对接立焊的操作有很多相似之处。如采用小直径焊条、短弧焊接以及操作手法等都相仿。但掌握立角焊时的操作，还应注意以下几点。

a. 焊接电流。在与对接立焊相同条件下，焊接电流可稍大些，以保证根部焊透。

b. 焊条位置。为了使两焊件受热均匀，保证熔深和提高效率，应注意焊条的位置和倾斜角度。在焊件厚度相同条件下，焊条与两焊件的夹角应左右相等，焊条与焊缝中心线保持在 75°～90°范围内，如图 2-21 所示。

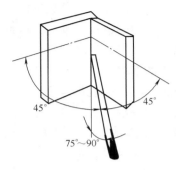

图 2-21　角接立焊时的
焊条位置示意

c. 熔化金属的控制。角接立焊的关键是如何控制熔池金属，焊条要按熔池金属的冷却情况有节奏地摆动。在施焊过程中，当引弧后出现第一个熔池时，电弧应较快的提高，在看到熔池瞬间冷却成一个暗红点时，将电弧压到弧坑处，并使熔滴落在与前面熔池重叠 2/3 处，然后电弧再提高。这样就能有节奏地形成立焊角焊缝。要注意的是：如果前一个熔池尚未冷却到一定程度，就过急下压焊条，会造成焊滴之间熔合不良；如果电弧的位置不对，会使焊波脱节，影响焊缝成形和焊接质量。

d. 运条。根据不同板厚和焊脚尺寸的要求，选择适当的运条方法。对焊脚尺寸较小的焊缝，可选用直线往复运条法；焊脚尺寸要求大时，则采用月牙形、三角形和锯齿形等运条方法。为了避免出现咬边现象，除选用合适的电流外，焊条应在焊缝两侧稍微停留，使熔化金属能填满两侧边缘。焊条摆动的宽度，不能大于所需要的焊脚尺寸。例如，要求焊出 10mm 宽的焊脚，焊条的摆动范围应在 8mm 以内。

（3）横焊位置的焊接　横焊时，由于熔化金属在重力作用下容易下淌，上边缘容易咬边，下边缘则容易产生焊瘤等缺陷。因此，对不开坡口和开坡口的横焊，都要选择适当的工艺参数，掌握正确的操作方法。如选用小直径焊条、较小的焊接电流、短弧焊接等。

① 不开坡口的横焊操作　板厚 3～5mm 的横焊，可以不开坡口焊接。操作时左手或左臂可以有依托，右手或右臂的动作与平对接焊时相似。焊条直径宜选为 3.2mm，焊条位置要向下倾斜与水平面呈 45°左右的夹角，如图 2-22（b）所示。这样能使电弧的吹力托住熔池金属防止下淌。同时，焊条应向焊接方向倾斜，与焊缝呈 75°左右的夹角，如图 2-22（a）所示。

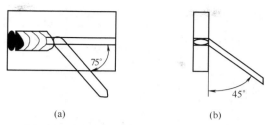

(a)   (b)

图 2-22　不开坡口横焊时的焊条角度示意

　　选择焊接电流时，可比对接焊时小 10％～15％，否则会使熔池温度升高，金属处于液态的时间过长，造成下淌或形成焊瘤。另外，操作时要特别注意，如果熔渣超前，要用焊条沿焊道轻轻拨掉，否则，熔化的金属也会下淌。

　　焊接较薄的板时，可进行往复直线形运条，这可借焊条向前移动的机会，使熔池冷却，防止焊穿和下淌。

　　焊接较厚板可采用短弧斜圆圈运条法。其斜度与焊缝中心约为45°角，如图 2-23 所示。

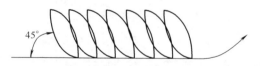

图 2-23　横焊短弧斜圆圈运条法示意

　　运条速度要快些，且要均匀，以免焊条熔滴金属过多的集中在某一点上，形成焊瘤和咬边。

　　② 开坡口的横焊操作　当板厚大于 8mm 时，一般要开 V 形、单 V 形或 K 形坡口。横焊时下面的焊件上不开坡口或坡口角度小于上面的焊件，如图 2-24 所示。这样有助于防止熔滴下淌，有利于焊缝成形。

　　对于开坡口的焊件，可采用多层多道焊，其焊道的排列顺序如图 2-25 所示。

　　焊第一层时，一般要选用 3.2mm 焊条，间隙小的，用直线运条法，短弧焊接；间隙大时，可采用直线往返运条法，焊速要快，

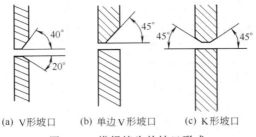

(a) V形坡口　　　(b) 单边V形坡口　　(c) K形坡口

图 2-24　横焊接头的坡口形式

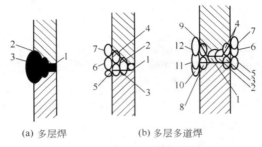

(a) 多层焊　　　　　　(b) 多层多道焊

图 2-25　横焊焊道排列顺序示意

以免熔池金属堆积过多造成夹渣。第二层的焊接采用 3.2mm 或
4.0mm 焊条，斜圆圈法运条。每个斜圆圈与焊缝中心的斜度在 45°
左右。当焊条运动到斜圆圈的上面时，电弧要更短一些，并要稍作
停留，使较多的熔化金属过渡到溶池中去。然后缓慢地把电弧引到
焊道下面，这样反复运条焊接。这种运条法难度较大，要求运条熟
练准确，才能得到成形良好的焊缝。

（4）仰焊位置的焊接　仰焊位置是一种难度最大的焊接位置。
由于熔池倒悬在焊件下面，温度一高，就会滴淌下来。因此，施焊
时必须准确控制熔池的大小和凝固时间。仰焊操作，首先视线要选
择最佳位置，两脚成半开步站立；上身要稳，由远而近运条。为了
减轻臂腕的负担，可将焊接电缆挂在临时设置的钩子下。在仰焊
时，熔滴过渡主要靠电弧吹力和电磁力通过熔化金属的表面张力。
所以一般都选用较小直径的焊条，小的焊接电流，采用短弧焊接，

60

短路过渡。否则，就会造成严重的咬边或焊瘤。

① 不开坡口的对接仰焊　板厚不超过 4mm 时，可以不开坡口进行对接仰焊。首先用角向磨光机打磨被焊处，组装定位焊后，选用直径 3.2mm 焊条，焊接电流比平焊时小 15％～20％，焊条与焊接方向呈 75°～80°，与焊缝两侧呈 90°，如图 2-26 所示。

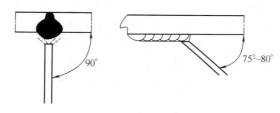

图 2-26　不开坡口对接仰焊的焊条位置

在整个焊接过程中，焊条要保持上述位置的均匀运条，不要中断。运条方法可采用直线形或直线往返形。焊接电流虽然比平焊时小些，但也不能过小。否则不能得到足够的熔深，并且电弧不稳定，操作难以掌握，焊缝质量不能保证。在运条过程中，要保持最短的电弧长度，以控制熔滴顺利过渡到熔池中去。为防止液态金属的流淌，熔池不宜过大。操作中要注意到控制熔池大小，也要注意流动情况。只要熔渣浮出正常，才会熔合良好，避免焊缝夹渣。收尾时动作要快，并要填满弧坑。

② 开坡口的对接仰焊　对板厚大于 6mm 的焊件，均应开坡口焊接。一般开 V 形坡口，坡口角度比平焊时稍大一些，钝边厚度却要小些（1mm 以下），组对间隙也要大些，其目的是便于运条和变换焊条位置，从而克服仰焊时熔深不足和焊不透现象以保证焊接质量。

开坡口的对接仰焊，可采用多层多道焊，焊第一层时，用直径 3.2mm 的焊条，直线运条，焊接电流比平焊时小 10％～20％。焊缝起头处开始焊接时，要采用长弧预热，然后迅速压低电弧于坡口根部，停留 2～3s，以便熔透根部，然后再将焊条前移。正常焊接时，焊条沿焊接方向移动的速度，应在焊透的情况下尽可能快一些，以防止烧穿和熔滴下淌。第一层焊道的表面应平齐，不能有起凸现象。因为焊道凸起不仅在焊接下一层时操作困难；而且还容易造成焊道边缘未焊透或夹渣、焊瘤等缺陷。

焊第二层时，应将第一层焊道的熔渣、飞溅清除干净。若有焊瘤时，应用角向磨光机打磨后才能施焊。焊条可用 4.0mm，焊接电流为 180～200A。运条采用月牙形或锯齿形，焊条在焊缝两侧稍有停留，中间则要快些，使焊缝成形平齐美观。

（5）固定管的焊接操作

① 水平固定管子的焊接　由于焊缝是圆环形，在焊接过程中需要经过仰、立、平等几种位置。焊条角度变化很大，操作比较困难，所以要注意到各环节的操作要领。

通常，因管子的直径较小，人不能进入，只能从单面进行焊接，所以容易出现根部缺陷，故对打底层焊缝要求特别严格。对管子壁厚 16mm 以下时，可开 V 形坡口。这种坡口易于机械加工或气割，焊接时视野清楚，便于运条，容易焊透。因此，在实际生产中应用较多。对壁厚大于 16mm 的管子，为克服 V 形坡口张角大，造成填充金属多，焊接残余应力大的缺点，可采用 U 形坡口，其坡口形式如图 2-27 所示。

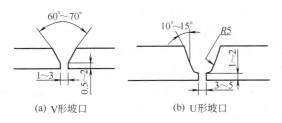

(a) V形坡口　　　　　　(b) U形坡口

图 2-27　水平固定管子常用坡口形式

管子组对前，在坡口及附近 20mm 左右的区域，用角向磨光机打磨干净，露出金属光泽。组对时，管子轴线中心必须对正，内外壁要平齐避免产生错口现象。焊接时，由于管子处于吊缝位置，一般先从底层起焊，考虑到焊缝的冷收缩不均匀，对大直径管子，平焊位置的接口间隙，应大于仰焊位置间隙 0.5～2mm。选择接口间隙也与焊条种类有一定关系，当使用酸性焊条时，接口上部间隙约等于所用焊条直径；如选用的是碱性焊条，接口间隙一般为1.5～2.5mm。这样，底层焊缝的双面成形良好。间隙过大，焊接时容易烧穿或产生焊瘤；间隙过小，则不能焊透。

定位焊一般以管子直径大小来确定点焊的焊点数。对小于ϕ59mm的小管，一般只点焊一处即可，其位置在斜平焊处；ϕ133mm的大管，可定位焊3～4处，定位焊缝长度为15～30mm，余高约为3～5mm。焊肉太小容易开裂，太大会给焊接时带来困难。定位焊时用3.2mm焊条，焊接电流100～120A，定位焊缝的两端，要用角向磨光机打磨出缓坡，以保证接头顺利。

正式焊接时，从管子底部的仰焊位置开始，分为两半施焊。先焊的一半称前半部，后焊的一半称后半部。两半部都要按照仰、立、平的顺序进行，底层用3.2mm焊条，先在前半部仰焊处坡口边上用直击法引弧，引燃后将电弧移至坡口间隙中。用长弧烤热起弧处，约经2～3s，使坡口两侧接近熔化状态，立即压低电弧，当坡口内形成熔池，随即抬起焊条，熔池温度下降且变小，再压低电弧向上顶，形成第二个熔池。如此反复一直向前移动焊条。当发现熔池温度过高，熔化金属有下淌趋势时，应采取灭弧方法，待熔池稍变暗时，再重新引弧。引弧部位应在熔池稍前一点。

为了防止仰焊部位塌陷，除合理选择坡口角度和焊接电流外，引弧要平稳准确，灭弧要快，从下向上焊接，保持短弧电弧在坡口两侧停留时间不宜过长。操作位置在不断变化，焊条角度必须也相应变化。到了平焊位置，容易在背面产生焊瘤，电弧不能在熔池前多停留，焊条可进行幅度不大的横向摆动，这样能使背面有较好成形。

后半部的操作与前半部相似，但要完成两处焊道接头。其中仰焊接头比平焊接头难度更大，也是整个水平固定管子焊接的关键。为了便于接头，前半部焊接时，仰焊起头处和平焊收尾处，都应超过管子垂直中心线5～15mm，在仰焊接头时，要把起头处焊缝用角向磨光机磨掉10mm左右形成缓坡，焊接时先用长弧加热接头部位，运条至接头中心时，立即拉平焊条，压住熔化金属，切不可熄弧，并将焊条向上顶一下，以击穿未熔化的根部，使接头完全熔合。当焊条至斜立焊位置时，要采用顶弧焊，即将焊条前倾并稍有横向摆动，如图 2-28 所示。

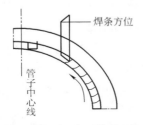 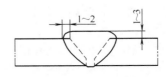

图 2-28　平焊接头处顶弧焊法示意　　　图 2-29　管子焊缝外形尺寸

当焊到距接头 3～5mm 即将封口时，绝不可灭弧，此时应把焊条向里压一下，可听到电弧击穿根部的"噗噗"声，焊条在接头处来回摆动，使接头充分熔合，然后填满弧坑，把电弧引到焊缝的一侧熄弧。

中间层及盖面层，也是从仰焊部位开始，平焊部位终止。起头处宜焊薄些，避免形成焊瘤。中间层焊肉不要凸起，盖面时要掌握好高度，特别是仰焊部位不能超高，要与平、立焊缝高度和宽度保持一致。图 2-29 所示为一般管道焊缝的外形尺寸要求。

② 垂直固定管的焊接操作　焊接垂直固定管的操作位置如图 2-30 所示。

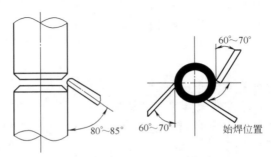

图 2-30　垂直固定管焊接操作示意

它的坡口及组装情况和水平固定管子相同。打底焊时，先选定始焊处，用直击法引弧，拉长电弧烤热坡口，待坡口处接近熔化状态，压低电弧，形成熔池，随即采取直线或斜齿形运条，向前移动。运条的角度见图 2-30。换焊条时动作要快，当焊缝尚未冷却时，即再次引燃电弧，便于接头。焊完一圈回到始焊处，听到有击穿声后，焊条略加摆动，填满弧坑后收弧。打底层焊道位置应在坡口中心略偏下，焊道上部不要有尖角；下部不能有黏合现象。中间层焊道可采用斜锯齿形运条或斜圆圈形运条。这种操作方法焊道少，出现缺陷的机会少，生产效率较高，焊波均匀，但操作难度较大。如采用多道焊，可增大焊接电流直线运条，使焊道充分熔化，焊接速度不要太快，使焊道自下而上的整齐紧密排列。焊条在垂直倾角随焊道位置变化，下部倾角要大，上部倾角要小。焊接过程中要保持熔池清晰，当熔渣与熔化金属混淆不清时，可采用拉长电弧并向后甩一下，将熔渣与铁水分开。中间层不应把坡口边缘盖上，焊道中间部位要稍微凸起，为盖面焊道做好准备。盖面焊道从下而上，上下两端焊速要快，中间慢些，使焊道呈凸形。焊道之间可不清除渣壳，以使温度下降缓慢，道间容易熔合。最后一道焊条倾角要小，以消除咬边现象。

③ 固定三通管的焊接操作　在化工管道中，三通管是常见的，而且大都是固定位置焊接。三通管按空间位置也可分为平位、立位、横位和仰位四种形式。

a. 平位三通管。平位三通管的焊缝实际上是立焊与斜横焊位置的综合。其焊接操作也与立焊、横焊相似。一圈焊缝要分四段进

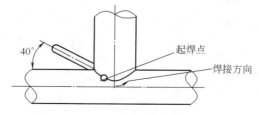

图 2-31　平位三通管固定焊示意

行，如图 2-31 所示。

底层起头在中心线前 5～10mm 处开始，运条采用直线往复法，以保证根部焊透，同时要注意防止咬边。

b. 立位三通管。立位三通管分两半焊接，从仰位中心开始，逐步过渡进行下坡立角焊→立焊→下坡立角焊，到平焊结束。起头、收尾及运条方法与平位三通管相似。

c. 横位三通管。横位三通管的焊接也是分两半进行，从仰位中心开始，逐步过渡到上平焊中心结束。起点处的焊透较难，其操作方法与水平固定管相似。引弧时，要拉长电弧，预热 3～5s。然后压低电弧用击穿法熔透焊根部，并要注意到掌握各部位焊缝宽窄一致。

d. 仰位三通管。仰位三通管焊缝是仰角焊、坡仰焊和立焊、横焊的综合。要分四段进行，从仰角处开始，操作与立位三通管的下半部分相同。底层采用直线跳弧法运条。中间层和盖面层采用锯齿形运条。在主管的中心部位较难焊透，应特别注意内壁根部的熔合。

（6）固定管板的焊接操作　固定管板在生产中经常遇到，下面介绍全位置焊接操作。其管板的焊接位置如图 2-32 所示。

① 打底层的焊接　采用直径 2mm 焊条，焊接电流 95～105A，要求充分焊透根部以保证底层焊缝质量。操作时可分为右侧和左侧两部分，在一般情况下，先焊右侧。因为以右手握焊把时，右侧便于在仰焊位置观察焊接。施焊前，需将待焊处的污垢除净。

a. 右侧焊。引弧由 4 点处的管子与管板夹角处，向 6 点处划擦引弧。参见图 2-33。引弧后将其移到 6 点至 7 点之间进行 1～2s

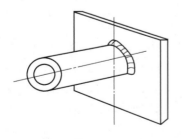

图 2-32　固定管板的焊接位置

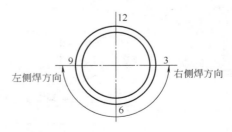

图 2-33　左侧焊与右侧焊位置示意

的预热。再将焊条向右下方倾斜，其角度如图 2-34 所示。

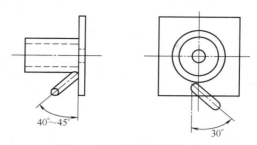

图 2-34　右侧焊时焊条角度

然后压低电弧，将焊条端部轻轻顶在管子与管板夹角上，进行快速施焊。施焊时，需使管子与底板达到充分熔合，同时焊层也要尽量薄些，以利于与左侧焊道搭接平整。

（a）6～5 点位置的操作　用斜锯齿形运条，以避免焊瘤产生。焊接时焊条端部摆动的倾斜角是逐渐变化的。在 6 点位置时，焊条摆动的轨迹与水平线呈 30°夹角；当焊至 5 点时，夹角为 0°。运条时，向斜下方摆动要快，到底板面（即熔池斜下方）时要稍作停留；向斜上方摆动相对要慢，到管壁处再稍作停顿，使电弧在管壁一侧的停留时间比在底板一侧要长些，其目的是为了增加管壁一侧的焊脚高度。运条过程中始终要采用短弧，以便在电弧吹力作用下，能托住下坠的熔池金属。

（b）5～2 点位置的操作　为控制熔池温度和形状，使焊缝成形良好，应用间断熄弧法或挑弧法施焊。间断熄弧法的操作要点是：当熔敷金属将熔池填充得十分饱满，使熔池形状欲向下变长时，握焊把的手腕迅速向上摆动，挑起焊条端部熄弧。待熔池中的液态金属将凝固时，焊条端部迅速靠近弧坑，引燃电弧。再将熔池填得十分饱满。引弧—熄弧不断反复进行，每熄弧一次的前进距离约为 1.5～2mm。

在进行间断熄弧焊时，如熔池产生下坠，可采用横向摆动，以增加电弧在熔池两侧的停留时间，使熔池的横向面积增大，把熔敷金属均匀分散在熔池上，使成形平整。为使熔池能自由下淌，电弧可稍长些。

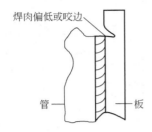

图 2-35　右侧焊时产生的
焊脚过低或咬边

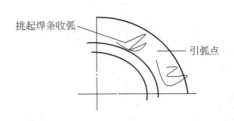

图 2-36　2～12 点位置运条示意

（c）2～12 点位置的操作　为防止因熔池金属在管壁一侧集聚造成的低焊脚或咬边（见图 2-35），应将焊条端部偏向底板一侧。按图 2-36 所示方法，进行短弧斜锯齿运条，并使电弧在底板侧停留时间长些。如采用间断熄弧法焊时，在 2～4 次运条摆动之后，熄弧一次。当施焊至 12 点位置时，以间断熄弧或挑弧法收弧。右侧焊缝的形状如图 2-37 所示。

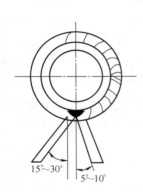

图 2-37　右侧焊缝
的形状及位置

b. 左侧焊位置的操作。施焊前，将右侧焊缝的始、末端熔渣除净。焊道始端的连接，由 8 点处向右下方以划擦法引弧，将引燃的电弧移到焊缝始端即 6 点处，进行 1～2s 的预热，然后压低电弧，焊条倾斜角度及变化如图 2-37 所示。以快速小锯齿形运条，由 6～7 点进行焊接，但焊道不宜过高。当焊至 12 点处，与右侧焊道相连接时，需以挑弧法或间断熄弧法施焊。将弧坑填满后，方可挑起电弧收弧。

68

② 盖面层的焊接　盖面层采用直径 3.2mm 焊条，焊接电流 100～120A。操作时也分左右侧两个过程，一般也是先焊右侧，后焊左侧。施焊前，需将打底层焊道上的熔渣及飞溅清理干净。

a. 右侧焊　引弧由 4 点处的打底焊道上向 6 点处以划擦法引弧。引弧后迅速将电弧（弧长保持在 5～10mm）移至 6～7 点之间，进行 1～2s 预热，再将焊条向右下方倾斜，其角度如图 2-38 所示。

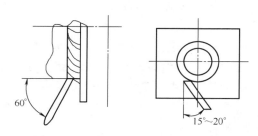

图 2-38　右侧盖面层焊接的焊条角度

然后将焊条端部轻轻顶在 6～7 点之间的打底层焊道上，以直线运条施焊。焊道要薄，以利于左焊道接头。6 点至 5 点处，需采用斜锯齿运条，其操作方法，焊条角度与打底层相同。运条时斜下方管壁侧的摆动要慢，以利于焊脚增高；向斜上方移动相对要快些，以防产生焊瘤。在摆动过程中，电弧在管壁侧停留时间比管板侧要长些。这样，才能有较多填充金属聚集于管壁侧，从而使焊脚增高。当焊条摆动到熔池中间时，应尽可能离熔池近一些，以短弧吹力托住由于重力下坠的液体金属，防止焊瘤产生。施焊过程中，如发现熔池金属下坠或熔合不良，可增加电弧在焊道边缘的停留时间（特别是在管壁侧的停留时间）和增加焊条的摆动速度。如仍不能控制熔池温度和形状时，需采用间断熄弧法。5～2 点位置的焊接，由于此处温度已增高，电弧吹力起不到上托熔敷金属的作用，而且还会使熔敷金属下坠。此时，只能采用间断熄弧法。即当熔敷金属填满熔池且要下坠时，挑起焊条熄弧。待熔池将要凝固时，迅速在其前 15mm 处焊道边缘引弧（且不可在弧坑上引弧，以免因电弧不稳定产生密集气孔），将电弧移至底板侧焊道边缘上停留片刻。当熔池金属覆盖住电弧坑时，将电弧向下偏 5°，并通过熔池向管壁移动，在管壁侧停留片刻，当熔池金属将前弧坑覆盖 2/3 以上时，迅速将电弧移到熔池中间熄弧。在一般情况下，熄弧时间为 3～4s，相邻熔池重叠间距（即每熄弧一次，熔池前移距离）为 1～1.5mm。2～12 点位置焊接，类似平角焊的位置，熔敷金属容易向管壁侧聚集，而上侧（底板）容易产生咬边，为此，宜采用由管壁向底板侧运条的间断熄弧法。即焊条端在距原熔池 10mm 的管壁侧引弧，然后，将其缓慢移至熔池下侧停留片刻，待形成新熔池后再将电弧移到斜上方，以短弧填满熔池。再将电弧迅速向左挑起熄弧。当到 12 点处时，以直线运条在 11～12 点之间收弧。为左侧焊接打好基础。在施焊过程中，更换焊条速度要快。再引弧后，焊条倾角必须比正常焊接时多向下倾 10°～15°，并比第一次引弧时间稍长些，以利于填满弧坑。

　　b. 左侧焊　施焊前，对焊瘤、飞溅等缺陷，必须进行修整或清除。焊道始端的连接，由 8 点处的打底层表面，以划擦法引弧。将引燃的电弧拉到 6 点处进行 1～2s 的预热，然后压低电弧。焊条倾角与焊接方向相反。6～7 点处直线运条，逐渐加大摆动幅度，摆动的角度和速度以右侧焊道为基准，达到两侧焊道相一致。左侧焊的其他部位焊接，均与右侧焊相同。

　　四、实习案例

　　[案例一]　平敷焊

　　1. 操作准备

　　（1）焊机　采用 BX1-330 型。

　　（2）实习焊件　Q235 低碳钢板或 16MnR 低合金钢板，长×宽为 300mm×150mm。

　　（3）焊条　用 E4303（结 422）或 E5015（结 507）焊条。

　　2. 操作要领

　　（1）操作步骤

　　① 用砂布打磨待焊处，露出金属光泽。

② 在钢板上划线，并打出样冲眼以作为焊缝标记。

③ 启动电弧焊机。

④ 引弧，起头，运条，收尾。

⑤ 检查焊缝质量。

（2）焊道起头　起头是指刚开始焊接的阶段。在一般情况下，这部分焊道略高些。因为，焊件未焊之前温度较低，而引弧后又不能使焊件温度迅速升高，所以起焊部分的熔深较浅，质量也难以保证；对于焊条来说，在引弧后的 2s 内，由于焊条药皮未形成大量的保护气体，最先熔化的熔滴几乎是在无保护的情况下过渡到熔池中去的，很容易产生气孔。

为了减少气孔，可将前几滴熔滴甩掉。操作中的方法是采用跳弧焊，即电弧有节奏地瞬间离开熔池，把熔滴甩掉，便不能中断焊接电弧。另一种方法是采用引弧板，从引弧板上开始引弧。这样，既可满足焊缝尺寸，又可保证焊接质量。

（3）运条　在正常焊接时，焊条一般有三个基本动作。但在平敷焊练习时，焊条可不进行摆动。焊条沿中心线向熔池送进，是为了向熔池添加填充金属，也是为了在焊条熔化后，继续保持一定的电弧长度。因此，焊条的送进速度应与熔化速度相同。否则，就会发生断弧或粘在焊件上的。电弧长度通常为 2～4mm，碱性焊条比酸性焊条的弧长还要短些。

（4）焊道的接头　在操作时，由于受焊条长度的限制或操作姿势的影响，一根焊条往往不可能完成一条焊缝。因此，就需要有焊接接头。

（5）焊道的收尾　焊接收尾动作，不仅是熄弧，更重要的是要填满弧坑。

3. 评定平敷焊缝质量

可从以下几方面进行评定。

① 正确的运用焊道的起头、运条、连接和收尾的基本方法。

② 学会使用焊接设备，调节焊接电流。

③ 焊道的起头、接头处基本平滑，无局部过高现象。

④ 焊道的焊波均匀，无明显咬边。

⑤ 焊件上不应有引弧疤痕。

[案例二] 平对接焊

1. 操作准备

(1) 实习焊件　Q235 钢板，长×宽为 300mm×100mm，厚度为 8mm，共两块。

(2) 焊条　E4303（结 422），直径 3.2mm 和 4.0mm 两种。

(3) 电焊机　直流和交流手工电弧焊机。

2. 操作要领

(1) 步骤

① 坡口准备。用气割开出 30°单边 V 形坡口，钝边 1～1.5mm。

② 用角向磨光机修正坡口的几何尺寸，并打磨待焊处，露出金属光泽。

③ 装配及定位焊，组装间隙 3～4mm。

④ 引弧（始焊），运条（焊接），收弧（收尾）。

⑤ 焊后检查。

(2) 焊接过程　焊接打底层焊道时，要选用较小的焊条（一般为 3.2mm）。焊接电流调节为 90～120A，运条方法应视焊缝的间隙大小而定，间隙小时，用直线运条法；间隙大时，可用直线往复运条法，以防止烧穿。操作时，要达到焊件熔透，是依靠电弧的穿透能力来熔透坡口的钝边，每侧熔化 1～2mm，并在熔池前沿形成一个略大于装配间隙的熔孔，使熔池金属中有一部分过渡到焊缝根部及焊缝背面。

在焊接第二层时，先将第一层焊道的熔渣、飞溅等清除干净。随后，选用直径 4.0mm 的焊条，（焊接电流 150～180A）短弧焊接，并增加焊条的摆动量。要随着焊道的加宽，逐渐增加焊条的摆动，当摆动到坡口两边时，应稍作停留，以免产生未熔合、夹渣等缺陷。

以后各层焊接，应注意焊层不应太厚，否则会使熔渣流向熔池前面，造成焊接困难。层间的接头处，最少应错开 20mm，每焊完一层焊道，都应同样把表面熔渣、飞溅等清除干净，才能焊接下一层。

（3）焊接检查项目

① 操作方法是否正确。

② 检查坡口几何尺寸。

③ 焊缝外表面无气孔、裂纹，局部咬边深度，不得大于 0.5mm。

④ 焊缝几何形状（余高、焊缝宽度等）应符合 JB 4709—2000 的规定。

⑤ 焊缝进行 X 射线探伤检查，按 JB 4730—94 中规定Ⅲ级以上为合格。

第二节　埋弧自动焊

埋弧自动焊是一种电弧在颗粒状焊剂层下燃烧，完成焊接过程的自动电弧焊接方法。在自动焊时，引弧、维持电弧稳定燃烧、送进焊丝、电弧移动以及焊接结束时填满弧坑等主要动作，完全利用机械自动完成。这种焊接方法与手工电弧焊比较，具有生产效率高、焊接质量好、节省焊接材料和电能，且焊缝成形美观、焊接变形小和劳动强度低等优点。

由于电弧在焊剂层下，不能直接观察熔池和焊缝形状，故对接头的组装有严格要求。对于短焊缝、小直径环焊缝，处于狭窄位置以及焊接薄板，均受到一定的限制。因此，埋弧自动焊一般仅用于较厚的中厚板直焊缝。

一、埋弧自动焊的特点及应用

埋弧焊具有生产效率高、焊接质量稳定、劳动强度低、无弧光刺激、有害气体和烟尘少、节省焊接材料等优点。因此，在工业生产中应用较广泛。

（1）焊接电流大　相应电流密度大，加上焊剂和熔渣的隔热作用，热效率高，熔深大。工件在不开坡口情况下，一次可熔深 20mm。其埋弧焊与手工电弧焊的电流密度比较列于表 2-8。

表 2-8　埋弧焊与手工电弧焊的电流密度比较

焊条(丝)直径 /mm	手工电弧焊		埋弧自动焊	
	焊接电流/A	电流密度/(A/mm²)	焊接电流/A	电流密度/(A/mm²)
2	50～60	16～25	200～400	63～125
3.2	80～130	11～18	350～600	50～85
4	125～200	10～16	500～800	40～63
5	190～250	10～18	700～1000	30～50

（2）焊接速度快　以钢板厚度 10mm 的对接焊缝为例，单丝埋弧自动焊的焊接速度可达 50～80cm/min，而手工电弧焊则不超过 10～13cm/min。

（3）自动化程度高　埋弧自动焊采用裸焊丝连续焊接，焊缝越长，生产效率越高。

（4）改善劳动条件　减轻劳动强度，没有电弧对人体的辐射。

（5）焊缝质量好　埋弧焊时，熔池金属与空气隔绝，且凝固速度慢，增加了熔池冶金反应时间。减少焊缝中产生气孔、裂纹的机会。焊剂还可向焊缝金属补充一些合金元素，提高焊缝的综合性能。

二、埋弧焊工艺参数及选择

埋弧焊时，焊接工艺参数主要有焊接电流、电弧电压、焊接速度、焊丝直径等。

1. 埋弧焊工艺参数

（1）焊丝倾角　大多数情况下，埋弧自动焊的焊丝与焊件相垂直。当焊丝与焊件不垂直时，焊丝与已完成的焊缝呈锐角，称为前倾，呈钝角称为后倾。焊丝倾斜对焊缝成形有明显的影响。

焊丝前倾时，焊接电弧将熔池金属推到电弧前方，这样使电弧不能直接作用于母材金属上，因此随着倾角的增大，熔深显著减小，熔宽增大，余高减少。总之，当焊丝后倾时，熔深增加，而熔宽减小，余高增加。利用焊丝倾角这一特点，在高速焊时采用前倾角，以增大熔深，保证焊缝平滑，不产生咬边。而在铜垫上焊接5mm 以下的薄板时，采用 20°的后倾角。

（2）焊丝直径　焊接电流一定时，焊丝直径越粗，则其电流密度越小，电弧吹力也小。因此，熔深减小，熔宽增加，余高减小。反之，直径越细，电流密度增加，电弧吹力增强，熔深增大，而且容易引弧。不同直径焊丝适用的焊接电流列于表 2-9。

表 2-9　不同直径焊丝适用的焊接电流

焊丝直径/mm	2	3	4	5	6
焊接电流/A	200～400	350～600	600～800	700～1000	800～1200

（3）焊接电流　焊接电流直接决定着焊丝的熔化速度和焊缝的熔深。当电流由小到大增加时，焊丝熔化速度增加。同时，电弧吹力增加，焊接生产率提高，熔深显著增大，熔宽略有增加。但电流无穷大时，会造成焊件烧穿，焊件变形增大。

（4）电弧电压　电弧电压与电弧长度成正比。电弧电压增高就使电弧长度增大，电弧对焊件的加热面增大。因而，焊缝熔宽加大，熔深和余高略有减小。反之，电弧电压降低，则焊缝的熔宽相应减小，而熔深和余高增大。电弧电压和焊接电流的匹配关系见表2-10。

表 2-10　电弧电压和焊接电流的匹配关系

焊接电流/A	600～850	850～1200
电弧电压/V	34～38	38～42

（5）焊丝伸出长度　焊丝伸出长度是从导电嘴端算起，伸出导电嘴外的长度。焊丝伸出越长，电阻越大，焊丝熔化也越快，使焊缝余高增加。伸出长度太短，则可能烧坏导电嘴。在用细焊丝时，其伸出长度，一般为直径的 6～10 倍。

（6）焊剂粒度　焊剂粒度对焊缝形状的规律性是：焊剂粒度增大时，熔深略减小，熔宽略增加，余高略减小。不同焊接材料对焊剂粒度的要求列于表 2-11。

表 2-11 不同焊接材料对焊剂粒度的要求

焊 接 条 件		焊剂粒度/mm
埋弧自动焊	电流小于 600A	0.25～1.6
	电流 600～1200A	0.4～2.5
	电流大于 1200A	1.6～3.0
焊丝直径不超过 2mm 的埋弧自动焊		0.25～1.6

(7) 焊件倾斜度　焊件倾斜时，在焊接方向上有上坡焊和下坡焊之分。当下坡焊时，熔宽增大，熔深减小，它的影响与焊丝前倾相似；上坡焊时，熔深增大熔宽减小，这种影响与焊丝后倾相似。无论上坡焊还是下坡焊，一般倾角不宜大于 $6°～8°$。

(8) 焊接速度　焊接速度对熔宽和熔深有明显的影响。焊接速度在一定范围内增加时，熔深减小，熔宽也减小，余高略增大。焊接速度过高会造成未焊透、焊缝粗糙不平等缺陷；焊接速度过低则会形成焊缝不规则和夹渣、烧穿等缺陷。

2. 工艺参数选择

由于埋弧自动焊的工艺参数较多，而且在各种不同情况下的组合，对焊缝成形和焊接质量可产生不同或相同的影响。故选择埋弧焊工艺参数是一项比较复杂的工作。选择埋弧自动焊工艺参数时，应达到焊缝成形良好，接头性能满足设计要求，并应是高效率、低消耗。

选择工艺参数的步骤是：根据生产经验或查阅相类似的焊接工艺作为参考；然后，进行试焊（称为"焊接工艺评定"），试焊所用的材料、厚度和接头形式、坡口形式等，应与生产情况相同，尺寸大小允许不一样，但不能太小；经试焊和必要的检验，最后确定出合格的工艺参数。

三、焊前准备

1. 坡口选择

埋弧自动焊的焊接电流较大，电弧具有较大的穿透能力。所以，一般板厚在 14mm 以下时可不开坡口。超过 14mm 后，常开 X形或 U 形坡口，钝边可留得大些。但坡口几何尺寸要求应严格，一般，坡口角度公差±5°、钝边尺寸公差±1mm；装配间隙≤0.8mm。

2. 装配定位焊及引弧、收弧板

（1）装配定位焊　定位焊的目的是保证焊件固定在预定的相对位置上。所以要求定位焊缝应能承受结构自重或焊接应力而不破裂。而自动焊时，焊道产生的应力比手工焊时要大得多。因此，对埋弧自动焊的定位焊道长度，可按表2-12选择。

表2-12　定位焊道长度与焊件厚度的关系/mm

焊件厚度	定位焊道长度	备　注
≤3.0	40～50	300内一处
3.0～25	50～70	200～500内一处
≥25	70～90	250～300内一处

定位焊后，应及时将焊道清理干净，并检查有无裂纹等缺陷。如发现缺陷，应彻底清除后再进行焊接。定位焊后的焊件，应尽快焊接。

（2）引弧和收弧板　埋弧自动焊时，由于焊接的起始埋弧自动焊时，焊件温度较低，熔深小；而在收尾时，由于焊接熔池的冷却收缩，很容易产生弧坑及裂纹。这两种情况都会影响焊缝的质量，甚至导致焊接缺陷的产生。为了弥补这些不足，在非封闭焊缝的焊接中，通常都要在焊件接口两端分别加引弧板和引出板。焊接结束后，将这两块板采用气割或机械方法去除。引弧板的厚度要与焊件相同，长度为100～150mm，宽度约为100mm。保证引弧板和引出板的宽度，才能避免焊剂的流散。焊接环焊缝时，因为不能加引弧板，应使焊道重叠一段，避免产生弧坑。

3. 地线的连接

与焊件相连接的电缆线，称为地线。对于它的连接方法，往往容易被人们所忽视。但是，如果接工件的电缆位置不当，可能形成焊接过程的附加磁场，造成电磁偏吹或者虚接打火，都会影响焊接工艺参数的稳定性。

在焊接长焊道时，最好把地线分别接在焊件的两侧；如果只接一端，焊接应在接线的一端焊起。采用交流焊接圆筒形焊件时，要注意到不使地线的接点处电缆，绕挂在焊接件上，以免影响焊接参数的稳定性。

四、平对接直缝焊接操作练习

1. 操作要领

（1）焊前检查　首先，检查焊接控制电缆线接头有无松动，焊接电缆是否连接妥当，易损件导电嘴有无磨损，导电部分是否夹持可靠。焊机要进行空车调试，检查各个按钮、开关、电流表、电压表等是否正常。实测焊接速度，检查离合器的结合、脱离情况。

（2）清理焊丝、焊件及焊剂烘干　对焊丝表面的油、锈严格清除，并按顺序盘绕在焊丝盘内。由于埋弧焊对接口根部的污垢特别敏感，因此清理要彻底，并应在定位焊之前进行，以保证焊接质量。清理方法一般是用角向磨光机将坡口两侧表面各 20～30mm 的宽度内的油、锈等污物打磨干净。

（3）基本操作训练

① 空车练习　接通控制电源，将焊接小车上按钮扳到"空载"位置。

a. 电流调节。分别按电流增大、减小按钮，通过电流指示器可以预知焊接电流的大致数值（实际数值要等正式焊接后从电流表上读出）。

b. 送丝速度调节。分别按焊丝向上、向下按钮，焊丝即可上、下运动。

c. 台车行走速度调节。按下离合器，将旋钮转到向左或向右位置，焊车即可行走，此时再调节快慢旋钮改变行走速度。

② 引弧和收弧练习

a. 将控制盘上的"电弧电压"和焊接速度按钮调到预定位置。把焊车推到焊件上，用焊丝向上、向下按钮调节焊丝，让焊丝与工件接触，闭合离合器，再将"空载-焊接"开关扳到焊接位置，行车方向开关，扳到所需方向上，在焊嘴前方设焊接方向指示针，调正指示针后，不要随意动，否则会使焊缝中心偏离。最后打开焊剂斗的阀，焊剂堆满焊接位置即可直行焊接。

b. 引弧。按下启动按钮，焊接电弧引燃，并迅速进入正常焊接过程。如果按启动按钮后，电弧不能引燃焊丝将机头顶起，表明焊丝与焊件的接触不良。这需要重新清理后再引弧。

c. 收弧。收弧的停止按钮分两步，开头，只轻轻按，使焊丝停送，然后再按到底，切断电源。如果焊丝停送与焊接电源同时切断，就会由于送丝电动机的惯性继续送进一段焊丝，使焊丝插入熔池中，发生焊丝与焊件粘在一起现象。当导电嘴较低或电压过高时，还会产生烧坏导电嘴或与导电嘴熔化在一起。所以在练习时，建议在收弧时，一只手放在停止按钮上，另一只手放在焊丝向上按钮上，先将停止按钮按下后，随即按焊丝向上按钮，将焊丝抽上来，避免焊丝在熔池粘住。

结合实际练习，要求引弧成功率高，且引弧点准确，收弧时不粘焊丝，不烧坏导电嘴。

2. 平焊练习

（1）焊接工艺参数调整　取板厚 10mm 焊件，长 500mm。按以下工艺参数焊接练习：焊丝 H08MnA，直径 4mm，焊剂 SJ301，焊接电流 640～680A，焊接电压 34～36V，焊接速度 40m/h。

焊接过程中，应随时观察控制盘上的电流表和电压表指针、导电嘴的高低、焊接方向指示针的位置和焊道成形。一般，电压表的指针是稳定的，容易在电压表上读出电压值。但电流表指针往往在一个很小范围内摆动，指针波动的中心位置，是实际焊接电流值。焊接时，如发现焊接工艺参数有偏差，或焊缝成形不良时，可根据需要进行如下调整。

用控制盘上的"电弧电压"旋钮，调节焊接电压，用控制盘上的焊接电流调节按钮调节焊接电流；用控制盘上的"焊接速度"旋钮调节焊接速度；用机头上的手轮调节导电嘴的高低；用小车前侧的手轮，调节焊丝相对于基准线的位置。

观察焊缝成形时，应注意等焊缝凝固并冷却后再除去熔渣，否则焊缝表面会强烈氧化，冷却过快，对焊缝性能带来不利影响。要随时随地注意焊件的熔透程度，可观察焊件反面的红热程度。8～14mm 厚的焊件，背面出现红亮颜色，表示焊透良好。若红热情况没有达到要求，适当增加焊接电流或其他工艺参数。如发现焊件烧穿迹象应立即停止焊接或加快焊接速度，也可调小焊接电流。焊接结束后，要及时回收未熔化的焊剂，清除焊道表面渣壳，检查焊道成形盖面质量。

通过练习，要进一步掌握引弧和收弧的操作要点，以及在焊接过程中灵活调整焊接工艺参数的技巧。

（2）不开坡口直缝平焊练习 练习所用试板形状如图 2-39 所示。装配定位焊采用 J422 焊条，直径 4mm，电流 180～200A，定位焊后，局部间隙不应大于 0.8mm。

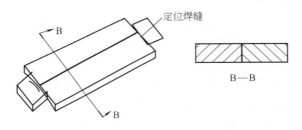

图 2-39 不开坡口不留间隙直缝焊件形状

焊接时，正面第一道焊缝是关键，应保证不烧穿。所以工艺参数要取小些，一般熔透深度能达到焊件厚度的 40%～50% 即可。而背面焊缝焊接电流可大些，熔透深度要在焊件厚度的 60%～70%。正面所用工艺参数是：焊丝直径 4mm，焊接电流 440～480A，焊接速度 35～42m/h；背面焊接电流 530～600A，其余可按正面参数。正面焊完后，要利用碳弧气刨清除焊根，并刨出一定

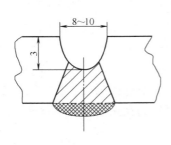

图 2-40 碳弧气刨坡口尺寸示意

深度与宽度的坡口，如图 2-40 所示。

碳弧气刨的主要工艺参数为：碳棒直径 6mm 时，气刨电流 280～300A。刨削时沿引弧板的一端对准焊缝中心线，刨至收弧板。碳弧气刨后，要彻底清除刨槽内外及两侧熔渣，并用角向磨光机打磨光滑刨槽及两侧，方可进行焊接。

3. 常见焊接缺陷种类、产生原因和防止措施

埋弧自动焊的常见焊接缺陷种类、产生原因和防止措施列于表 2-13。

表 2-13　常见焊接缺陷种类、产生原因和防止措施

缺陷性质	产 生 原 因	防 止 措 施
气孔	① 坡口及附近表面或焊丝表面有油、锈等污物 ② 焊剂潮湿 ③ 回收的焊剂中夹进杂物 ④ 焊剂的覆盖不够，空气浸入；焊剂覆盖太厚，熔池中气体不易排出 ⑤ 焊接电流大 ⑥ 有磁偏吹现象 ⑦ 极性接反	① 仔细清理坡口及焊丝表面 ② 在 250～300℃下烘干焊剂 ③ 消除杂物 ④ 调整软管，使焊剂适量 ⑤ 适当调节减小电流 ⑥ 调换极性 ⑦ 采用交流焊接
夹渣	① 熔渣超前 ② 多层焊时，焊丝偏向一侧；或电流过小，使熔渣残留在焊道两侧 ③ 前层焊道清理的不彻底 ④ 接口间隙大于 0.8mm，使焊剂流入焊前间隙中 ⑤ 盖面焊时电压太高	① 放平焊件或加快焊速 ② 焊丝对准中心线，加大电流 ③ 每道焊道认真清渣 ④ 保证焊缝间隙均匀 ⑤ 盖面焊时电压适当
吹边	① 焊接速度过快 ② 电流和电压匹配不当 ③ 平焊时，焊丝偏向底板；船形焊时，焊丝偏离中心 ④ 极性不对	① 减慢焊速 ② 调整焊接电流 ③ 平角焊时焊丝偏向底板、船形焊时，焊丝对准中心线 ④ 改变极性
烧穿	① 电流过大 ② 焊速慢且电压太低 ③ 局部间隙过大	① 减小电流 ② 控制电压和焊速 ③ 保证接口间隙

缺陷性质	产 生 原 因	防 止 措 施
未焊透	① 焊接参数不当(电流过小、电压过高) ② 坡口不合理 ③ 焊丝偏离中心线	① 调整参数 ② 修正坡口 ③ 焊丝对准中心
裂纹	① 焊丝、焊件材料选择不当 ② 焊丝中含碳、硫过高 ③ 焊接区冷却快,引起热影响区硬化 ④ 焊缝形状系数太小 ⑤ 第一层焊道截面小 ⑥ 焊接顺序不合理 ⑦ 焊件刚性大	① 合理选用焊接材料 ② 选用合格焊丝 ③ 焊前预热、焊后缓冷 ④ 调整焊接参数及坡口形状 ⑤ 调整焊接参数 ⑥ 合理安排焊接顺序 ⑦ 焊前预热、焊后缓冷
余高过大	① 电流过大或电压过低 ② 倾角过大 ③ 焊丝位置不当	① 调整参数 ② 调整倾角 ③ 确定焊丝位置
宽度不均匀	① 焊接速度不均匀 ② 焊丝导电不良	① 消除故障 ② 更换导电嘴

五、实习案例

锅炉筒体环焊缝的自动埋弧焊接案例如下。

1. **焊接条件**

① 升降式焊接操作机。

② 无级调速焊接滚轮架。

③ MZ-1000 型埋弧焊机。

④ 碳弧气刨设备及直径 8mm 实心碳棒。

⑤ 锅炉材料为 16MnR,厚度为 16mm,锅炉筒体结构如图 2-41 所示。

⑥ 焊接材料:焊丝选用 H10Mn2,直径 4mm;焊剂为 SJ101。

2. **焊前准备**

锅炉筒体环焊缝,采用双面埋弧自动焊,筒体在滚圆前已用刨边机刨出直边,保证边缘整齐。环缝装配时不留间隙,局部间隙不应大于 1.0mm。焊缝两侧边缘各 20mm 范围内,应用角向磨光机打

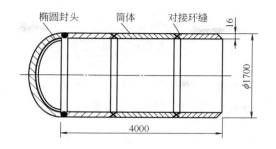

图 2-41　锅炉筒体结构示意

磨、清理干净，然后用手工电弧焊进行定位焊，装配时要保证焊口平齐，无错边。若错边量较大，应进行修正。组装定位焊后，将筒体吊放在滚轮架上，接好焊接电源回路电缆，先焊筒体内环缝。

3. 焊接

引弧前，要将焊丝位置调节到偏离筒体中心约为 30～40mm 处，使焊接熔池处于上坡焊地方。焊接工艺参数选择如下：焊接电流 700～750A；电弧电压 34～36V；焊接速度 30～32m/h。

焊接过程中注意观察工艺参数的稳定情况，防止烧穿。特别要注意焊丝对准焊缝，随时调节，不使焊丝偏离。

内环缝焊完后，从筒体外侧进行碳弧气刨清根。刨槽深度约为 6～8mm，宽度为 10～12mm。碳弧气刨的工艺参数如下：使用圆形实心 8mm 碳棒，刨割电流 300～350A，压缩空气压力为 0.5MPa，刨割速度控制在 32～40m/h。碳弧气刨后，清除刨渣，并用角向磨光机打磨刨槽及两侧表面，去掉碳化层，露出金属光泽。

焊接外侧时，焊丝应偏离中心约 35mm，相当于下坡焊位置，其他工艺参数不变。

4. 焊缝质量要求

① 焊缝外观检查：焊缝成形尺寸应符合 JB 4709—2000 规定，其表面增强高度应不大于 4mm；焊缝表面成形整齐美观，无咬边、焊瘤及明显焊偏现象。

② 焊缝经 X 射线探伤检查，应符合 JB 4730—94 标准规定的

Ⅲ级以上要求。

第三节　CO_2 气体保护焊

CO_2 气体保护焊是利用输送至熔池周围的 CO_2 气体作为保护气体介质的一种电弧焊，其焊接过程见图 2-42。

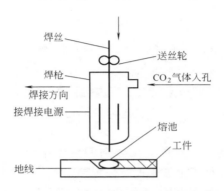

图 2-42　CO_2 气体保护焊焊接过程示意

CO_2 气体保护焊，有细丝（$0.5 \sim 1.2mm$）和粗丝（大于 $1.6mm$）两种；还有自动、半自动之分。

CO_2 气体保护焊与埋弧焊、手工电弧焊相比较，具有以下优点：电弧加热集中，生产效率高，焊件变形小，对油、锈等敏感性小，焊缝含氢量低，容易实现短弧过渡，可用于各种位置焊接，对焊件结构适应性强；由于明弧焊接，容易对准焊件接缝；CO_2 气体价格便宜，生产成本低，便于广泛推广应用。

一、CO_2 气体保护焊设备

CO_2 气体保护焊机主要由焊接电源、焊丝送给系统、焊枪、供气系统和控制系统等几部分组成。

（1）焊接电源　CO_2 气体保护焊机的电源都采用直流，并要求电源具有平硬的外特性。目前，电源大都为逆变式直流，它的特点是体积小、质量小、性能好、效率高、节能显著、运行可靠、无

噪声。所以得到广泛应用。

（2）送丝系统

① 对送丝的要求　送丝应保证均匀、平稳，送丝速度能在一定范围内无级调节，以满足不同直径焊丝及焊接工艺参数要求。通过送丝滚轮的焊丝不能扭曲变形，以减小送丝阻力。其送丝系统结构应简单、轻便、动作灵活，维修方便。

② 送丝方式　CO_2 气体保护半自动焊的送丝有三种形式：推丝式，推拉丝式，拉丝式，如图 2-43 所示。

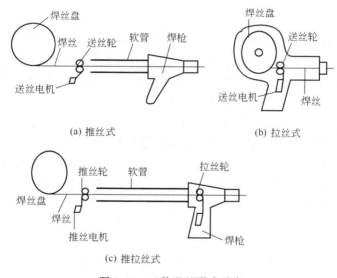

(a) 推丝式　　　　　(b) 拉丝式

(c) 推拉丝式

图 2-43　三种送丝形式示意

a. 推丝式送丝系统见图 2-43（a）。焊丝由送丝轮推入焊丝软管，再经焊枪上导电嘴送至焊接电弧区。其特点是结构简单、质量小、使用灵活方便，广泛用于直径 0.5～1.2mm 的焊丝。

b. 拉丝式送丝系统见图 2-43（b）。它的特点是把送丝电机、减速箱、送丝轮、送丝软管和焊丝盘，都装在焊枪上，结构紧凑。这种焊枪活动范围大，但比较笨重，适用于细丝焊接。

c. 推拉丝式送丝系统见图 2-43（c）。它的送丝是通过安装在焊枪内的拉丝电机和送丝装置内的推丝电机，同步来完成的。同时，两者的焊丝送给力始终一致。采用这种送丝方式，其软管可长达 20～30m。但维修比较困难，所以使用较少。

（3）焊枪　焊枪的作用除导电外，同时导送焊丝和输送 CO_2 气体保护焊接区。

① 对焊枪的要求　CO_2 气体保护半自动焊枪，应能在熔池和电弧周围开成保护良好的气流，无紊流现象，焊丝通过顺畅，摩擦阻力小；冷却效果好；手把握持舒适、方便；易损件更换方便；轻巧、结实耐用。

② 喷嘴和导电嘴　喷嘴是焊枪的重要组成部分，一般为圆柱形，不宜采用圆锥形或喇叭形，以有利于 CO_2 气体的层流形成，防止气流紊乱。喷嘴的孔径一般在 12～25mm 之间。当粗丝焊时，可增加到 40mm。喷嘴材料应选用导电性好、表面光滑的金属，防止飞溅的金属颗粒黏附和易于清除。

导电嘴的孔径及长度与焊接质量密切相关。孔径过小，送丝阻力大；孔径过大，焊丝在孔内接触位置不固定，当焊丝伸出导电嘴后，形成的偏摆度大，致使焊缝的宽窄不一。严重时会使焊丝与导电嘴间起弧，发生粘接或烧损。因此，导电嘴的孔径（D）应根据焊丝直径（d）来确定。其公式关系为

$$D=d+(0.1～0.3)\text{mm} \quad （当 d<1.6\text{mm} 时）$$

$$D=d+(0.4～0.6)\text{mm} \quad （当 d<2～3\text{mm} 时）$$

焊线伸出导电嘴的长度一般细丝为 25mm；粗丝为 35mm 左右。

（4）供气系统　它是使 CO_2 气瓶的液态 CO_2 通过供气系统变为质量符合要求，并具有一定流量的气态 CO_2。供气系统包括 CO_2 气瓶、预热干燥器、减压器、流量计及气阀等。

预热器的功能是防止气瓶阀和减压器因冻结而堵塞气路。因为焊接用的 CO_2 气体是由气瓶中的液态 CO_2 挥发而成的，挥发过程中要吸收大量的热，使气体温度下降。所以在减压前要先预热。预

热器的功率一般为 75～100W。

干燥器的功能是吸收 CO_2 气体中的水分。干燥器由高压和低压两部分组成，高压在减压器之前，低压在减压器之后。

减压器的功能是将高压的 CO_2 气体变为低压气体，并保证气体的压力在供气过程中稳定。一般 CO_2 气体的工作压力为 0.1～0.2MPa。

流量计用于测量装置。其流量调节范围有 0～15L/min 和 0～30L/min 两种。可根据需要选用。

气阀的功能是控制保护气体通、断的一种元件。分机械式和电磁式两种。

（5）控制系统　在 CO_2 气体保护焊过程中对焊接电源、供气、送丝等系统，按程序进行控制。

二、CO_2 半自动焊操作

1.焊前准备

闭合电源开关，控制变压器带电，指示灯亮。此时，表明焊丝送给机构和电流保护电路的电源已进入正常工作状态。

闭合 CO_2 气体预热开关，预热器开始对气体进行预热。扣动焊枪上的扳机，打开焊枪上的气阀，调整气体流量。按下焊枪手柄上的送丝按钮，送丝电机正向转动，同时，焊接电源接通。此时，特别注意焊丝不要碰及工件（在调整焊丝时离焊件距离远些）。再按下另一开关，送丝电机反转，焊丝抽回。这样，即可进行焊丝的调整。最后，检查空载电压，焊机处于准备焊接状态。

2.焊接

按下焊枪上扳机，打开气阀，提前送气。经 1～2s 后，继续接通，焊丝送出，电弧引燃，焊机进入正常工作状态，焊接开始。

3.焊接停止

松开焊枪上的扳机，焊丝停止送进，电弧熄灭，焊接过程结束。但要继续保护熔池，经过一定时间后，再将焊枪全部松开，关送气阀，停止送气。

4.使用 CO_2 半自动焊机注意事项

① 初次使用 CO_2 半自动焊机前，应在有关技术人员指导下进行操作练习。

② 严禁焊接电源短路。

③ 使用焊机时必须在室温不超过 40℃、湿温不超过 85% 的无有害气体和易燃、易爆气体环境下。

④ CO_2 气瓶不得靠近热源和在太阳光下直接照射。

⑤ 焊机接地必须可靠。

⑥ 焊枪不准放在焊机上。

⑦ 经常注意检查焊丝送进情况。

⑧ 经常检查导电嘴磨损程度，必要时应及时更换。

⑨ 定期检查送丝软管，防止产生漏气或不稳定等现象。

三、CO_2 气体保护焊材料

1. 焊丝

由于 CO_2 气体对熔池有一定的氧化作用，使金属熔池中的合金元素烧损，而且容易产生气孔、飞溅。因此，为了防止气孔产生，补偿合金元素的烧损，减少飞溅，要求焊丝成分中含有一定数量的脱氧元素，如锰、硅等。焊丝中含碳量应低些，一般含碳量应小于 0.1%。CO_2 气体保护焊常用焊丝牌号及化学成分见表 2-14。

表 2-14 CO_2 气体保护焊常用焊丝牌号及化学成分

焊丝牌号	合金元素含量/%						主要用途
	C	Si	Mn	Cr	S	P	
H08MnSi	≤0.1	0.7~1.0	1.0~1.2	≤0.2	<0.02	<0.01	焊接低碳钢、低合金钢
H08MnSiA	≤0.1	0.6~0.85	1.4~1.7	≤0.2	<0.03	<0.035	焊接低碳钢、低合金钢
H08Mn2SiA	≤0.1	0.7~0.96	1.6~2.1	≤0.2	<0.03	<0.035	焊接低碳钢、低合金钢高强钢

CO_2 气体保护焊时，选用焊丝要根据焊件的材料性能和有关质量要求而定。半自动 CO_2 气体保护焊丝的直径有 0.5mm、0.8mm、1.0mm、1.2mm 几种。

2. CO_2 气体

进行 CO_2 气体保护焊时，CO_2 气体的作用是有效地保护电弧和金属熔池不受空气侵袭。由于 CO_2 气体具有氧化性，所以焊接过程中，产生氢气孔的可能性较小。

供焊接用的 CO_2 气体通常以液态装入钢瓶中，钢瓶容量为 40L，可装液体 CO_2 为 26kg，约占 CO_2 气瓶容量的 80%左右。由于 CO_2 由液态变至气态的沸点很低（-78℃），故在常温下，钢瓶中的 CO_2 就有部分汽化为气体。钢瓶中的 CO_2 气体压力与温度有关，在 0℃时，气体压力为 3.5MPa；温度到 30℃时，气体压力约达 7.2MPa。因此，CO_2 气瓶的放置，应远离热源和烈日暴晒，以免发生爆炸。

为减少瓶内水分及空气含量，提高 CO_2 气体纯度，一般可采取以下措施：

① 在温度高于-11℃时，液态 CO_2 比水密度小，所以可将气瓶倒置，静立 1~2h 后，打开瓶口气阀放水 2~3 次。

② 使用前先打开气阀，放掉瓶口纯度低的气体。

③ 在焊接气路中串接干燥器，以进一步减少水分。

四、CO_2 气体保护焊焊接工艺参数

CO_2 气体保护焊的工艺参数，主要包括焊丝直径、焊接电流、焊接速度、电弧电压、焊丝伸出长度、电源极性回路电感等。选择焊接参数的基本要领如下。

（1）焊丝直径　焊丝直径的选择可按表 2-15 进行。

表 2-15　不同直径焊丝的适用范围/mm

焊丝直径	熔滴过渡形式	焊件厚度	焊缝位置
0.5~0.8	短路过渡	1.0~2.5	全位置
	颗粒过渡	2.5~4	水平位置
1.0~1.4	短路过渡	2.0~8.0	全位置
	颗粒过渡	2.0~12	水平位置
1.6	短路过渡	3.0~12	水平、立、横、仰
≥1.6	颗粒过渡	≥6	水平

（2）焊接电流　根据焊丝直径的大小与熔滴过渡形式，不同直径焊丝的焊接电流选择见表 2-16。

表 2-16　不同直径焊丝的焊接电流选择范围

焊丝直径/mm	焊接电流/A	
	颗 粒 过 渡	短 路 过 渡
0.8	150～250	50～160
1.2	200～300	100～175
1.6	350～500	100～180
2.4	500～750	150～200

（3）焊丝伸出长度　它是指从导电嘴到焊丝端头的距离，以 L_{sn} 表示，可按下式计算，即

$$L_{sn} = 10d$$

式中　d——焊丝直径，mm。

如果焊接电流取上限值，焊丝伸出长度可适当增大。

（4）电弧电压　通常，细丝焊接时，电弧电压为 16～24V，粗丝焊接时，电弧电压为 5～36V。采用短路过渡时电弧电压与焊接电流有一个最佳配合范围，见表 2-17。

表 2-17　CO_2 气体保护焊短路过渡电弧电压与焊接电流的关系

焊接电流/A	电弧电压/V	
	平　焊	立焊和仰焊
75～120	18～21.5	18～19
130～170	19.5～23.0	18～21
180～210	20～24	18～23
220～260	21～25	—

（5）电源极性　CO_2 气体保护焊时，主要是采用直流反极性。焊接过程稳定，飞溅小。而正极性焊接时因为焊丝是阴极，熔化速度快，熔深较浅，余高大，飞溅也较多。

（6）回路电感　根据焊丝直径、焊接电流大小、电弧电压高低来选择。不同的焊丝直径选用的电感量列于表 2-18。

表 2-18　不同的焊丝直径选用的电感量

焊丝直径/mm	0.8	1.2	1.6
电感量/mH	0.01～0.08	0.01～0.16	0.3～0.7

（7）焊接速度　应针对焊件材料的性质和厚度来确定。一般，半自动焊时，焊接速度在 15～40m/h 范围内，自动焊时，在 15～30m/h 的范围内。

（8）气体流量　不同接头形式、焊接工艺参数及作业条件，对气体流量都有影响。通常，细丝焊时，气体流量为 8～15L/min；粗丝焊时可达到 5L/min。

总之，确定焊接工艺参数的程序，是根据板厚、接头形式、焊接操作位置等条件，确定焊丝直径和焊接电流。同时考虑熔滴过渡形式，然后确定其他参数。最后还应能通过工艺评定试验，满足焊接过程稳定、飞溅小，外形美观，没有烧穿、咬边、气孔、裂纹等缺陷，充分焊透等要求，才为合格的焊接工艺参数。

五、常见缺陷及产生原因

（1）气孔　当焊丝及焊件有油、锈等脏物；焊丝的锰含量不足；CO_2 气体保护不良（由于气体流量低、阀门冻结、喷嘴堵塞或有大风时），气体纯度较低，容易产生气孔。

（2）裂纹　当焊丝、焊件有锈、油、水分，焊接电流过大，首层焊道过窄，焊接顺序不适当时，容易产生裂纹。

（3）咬边　弧长过长，电流太大，焊速过快或焊枪角度不适当时，容易引起咬边。

（4）夹杂　层间熔渣清理不干净，电流小，焊丝摆动过大时，容易产生夹杂现象。

（5）飞溅严重　短路过渡时，电感量过大或过小；焊接电流和电压的配合不当，而引起飞溅过大。

（6）焊缝形状不规则　导电嘴磨损严重，引起电弧摆动，焊丝伸出长度大，焊接速度太低所引起。

（7）烧穿　焊接电流大，焊接速度慢，坡口间隙过大等，都能引起烧穿。

六、实习案例

1. 焊接条件

（1）CO_2 气体保护焊设备　NBC1-300 型半自动焊机、CO_2 气瓶、浮子流量计、减压器、预热干燥器。

（2）焊件　材料为 Q235 低碳钢板，对接直缝，尺寸为 500mm（长）×120mm（宽）×8mm（厚）。

（3）焊丝　H08Mn2Si，直径 1.2mm。

（4）CO_2 气体　纯度（CO_2 含量）为＞99.5％；O_2＜0.1％；H_2O＜1～2g/m³。

2. 焊前准备

（1）设备检查　CO_2 气体保护焊设备，控制线路比较复杂，如果在焊接过程中，机械或电气部分出了故障，就不能进行正常焊接。因此，对焊机要经常进行检查维护，尤其是焊接前要着重进行以下几项检查和清理。

① 送丝机构是最容易出故障的地方。送丝轮压力是否合适，焊丝与导电嘴接触是否良好，送丝软管是否畅通等，都要仔细检查。

② 焊枪喷嘴的清理。CO_2 气体保护焊的飞溅较大，所以，喷嘴一经使用，必然粘上许多金属飞溅物，这会影响气体保护效果。为防止飞溅金属粘在喷嘴上，可在喷嘴上涂些硅油，或者焊前采用机械方法进行清理。

③ 为保证继电器触点的接触良好，焊接之前要进行检查。若有烧伤时，应仔细磨光，使其接触良好，并要注意防尘。

（2）焊丝盘绕　将烘干后的焊丝，按顺序盘绕至焊丝盘内，以免使用时紊乱，发生缠绕现象，影响正常送丝。

（3）焊件、焊丝表面清理　CO_2 气体保护焊时，对焊件、焊丝表面的清洁度，要比手工电弧焊严格。所以，焊前应对焊件、焊丝表面的油、锈、水分等污物进行仔细清理。

（4）装配定位焊　定位焊可用手工电弧焊或直接采用 CO_2 气体保护焊进行。定位焊的长度和间距，应根据焊件厚度和结构形式而定。一般，定位焊缝长度为 30～250mm 之间，间距在 100～300mm 为宜。

3. 焊接操作要领

（1）操作姿势　根据工件高度，身体呈站立或下蹲姿势。上半身稍向前倾，脚要站稳，肩膀用力保持水平，右手握焊枪，但不要握得太死，应自然，并用手控制枪柄的开关，左手持面罩，准备焊接。

（2）引弧　采用直接短路法引弧。由于电源空载电压低，引弧困难，所以焊丝接触不应太紧，以免短路烧断焊丝。引弧前，要求焊丝端头与焊件保持 2～3mm 的距离。如果端头有球状，球表面有一层氧化膜，对引弧不利，必须事先剪掉。

（3）焊接　起始端，在一般情况下，先将电弧拉长一些，以达到对焊道预热的目的。然后压缩电弧进行起端焊接。这样可以获得有一定熔深和成形整齐的焊道。

为了保持短路过渡过程稳定，要采用短弧进行焊接。对直径 1.2mm 的焊丝，要严格控制电弧电压不要大于 24V。否则，容易产生熔滴飞落，形成颗粒状过渡。这样电弧不稳，飞溅会增大，焊道成形变差。维持稳定的短弧过渡，则焊道的成形美观整齐。

一条焊缝焊完后，应注意将收尾处的弧坑填满。如果收尾时立即断弧，会形成低于焊件表面的弧坑，减弱焊道强度，并容易造成应力集中而产生裂纹。

（4）焊接规范参数

① 焊接电流：130～140A。

② 电弧电压：22～24V。

③ 焊接速度：18～30m/h。

④ CO_2 气体流量：10～12L/min。

4. 焊接质量评定

（1）操作

① 操作姿势要正确。

② 焊机操作熟练，选择参数步骤合理。

（2）焊缝质量

① 焊缝外观成形美观整齐，飞溅少，余高合适，无明显咬边、焊瘤、裂纹等缺陷。

② 经 X 射线探伤，按 JB 4730—94 标准评定，Ⅲ级以上为合格。

第四节　手工钨极氩弧焊

手工钨极氩弧焊，是使用钨金属丝作为电极，利用喷嘴流出的氩气在电极及熔池周围，形成封闭保护气流，保护钨极、焊丝和熔池不被氧化的一种气体保护焊接方法。

钨极氩弧焊具有如下特点：因氩气是惰性气体，在高温下与金属不会发生氧化反应，焊接质量高，电弧热量集中，热影响区小，焊接变形小，适应范围广；能焊接碳钢、合金钢、不锈钢、各种有色金属以及活性金属。由于是明弧焊接，便于对电弧和熔池观察。

综上所述，氩弧焊的致密性、力学性能好，焊缝表面成形美观，有着广阔的应用范围。

一、钨极氩弧焊电极材料

目前，钨极氩弧焊所采用的电极，大都为铈钨合金电极。这种电极材料具有电子发射能力强、容易引弧、不易烧损、许用电流大、电弧稳定、使用寿命长、无放射性危害等优点。

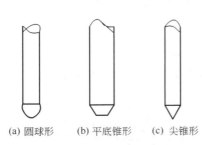

(a) 圆球形　(b) 平底锥形　(c) 尖锥形

图 2-44　钨极端部形状示意

钨极的端部形状，对焊缝成形及电弧的稳定性有很大影响。当采用交流电源时，一般将端部磨成圆球形；采用直流电源时，一般为正接法，钨极发热量小，为了电弧集中，燃烧稳定，钨极可磨成平底锥形或尖锥形，如图 2-44 所示。

二、焊接工艺参数

（1）焊接电流 焊接电流是最主要的工艺参数。随着电流的增大，熔透深度及焊缝宽度都有相应增大而焊缝高度有所减小。当焊接电流太大时，容易产生烧穿和咬边。反之，电流太小时，容易产生未焊透。

不锈钢和耐热钢手工氩弧焊的焊接电流选择见表 2-19；铝及铝合金手工氩弧焊的电流选择见表 2-20。

表 2-19　不锈钢和耐热钢手工氩弧焊的焊接电流

材料厚度/mm	钨极直径/mm	焊丝直径/mm	焊接电流/A
1.0	2	1.6	40～70
1.5	2	1.6	50～85
2.0	2	2.0	80～130
3.0	2～3	2.0	120～160

表 2-20　铝及铝合金手工氩弧焊的电流

材料厚度/mm	钨极直径/mm	焊丝直径/mm	焊接电流/A
1.5	2	2	70～88
2	2～3	2	90～120
3	3～4	2	120～130
4	3～4	2.5～3	120～140

（2）焊接速度 随着焊接速度的增大，熔深及焊缝宽度减小。当焊接速度太快时，气体保护受到破坏（如图 2-45 所示），焊缝容易产生未焊透和气孔；反之，焊接速度太慢时，焊缝容易烧穿和

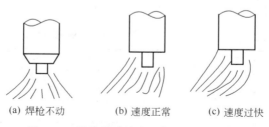

　(a) 焊枪不动　　　(b) 速度正常　　　(c) 速度过快

图 2-45　焊枪移动速度对保护效果的影响

咬边。

（3）焊接电源种类和极性　钨极氩弧焊可使用交流和直流两种电源。使用哪种电源根据被焊材料选择，对于直流电源选择可按表2-21进行。

表 2-21　材料与电源和极性的选择

材　　料	直　　流		交　　流
	正极性	反极性	
铝及铝合金	×	○	△
铜及铜合金	△	×	○
铸铁	△	×	○
低碳钢、低合金钢	△	×	○
高合金钢、镍及镍合金	△	×	○
钛、不锈钢	△	×	○

注：△—最佳；○—可用；×—最差。

（4）电弧长度　电弧长度是指钨极末端到工件之间的距离。随着电弧长度的增加，焊缝宽度增大熔透深度减小。当电弧太长时，焊缝容易产生未焊透和氧化现象。所以，在保证电极不短路情况下，要尽量采用短弧焊接。这样，保护效果好、热量集中、电弧稳定、焊缝均匀、焊接变形小。

（5）钨极直径　钨极直径的选择要根据焊件厚度和焊接电流的大小来决定。当钨极直径选定后，就具有一定的电流许用值。焊接时，若超过这个许用值，钨极就要发热、局部熔化或挥发，引起电弧不稳定，产生焊缝夹钨等缺陷。不同电源极性和不同直径钨极的电流许用值见表2-22。

表 2-22　不同电源极性和不同直径钨极的电流许用值/A

电源极性	钨极直径/mm				
	1	1.5	2.4	3.2	4.0
直流正接	$15\sim80$	$70\sim150$	$150\sim250$	$250\sim400$	$400\sim500$
直流反接	—	$10\sim20$	$15\sim30$	$25\sim40$	$40\sim55$
交流	$20\sim60$	$60\sim120$	$100\sim150$	$160\sim250$	$200\sim320$

（6）氩气流量　氩弧焊的保护气体 Ar 是一种理想的惰性气体。氩气瓶外涂以灰色，瓶上标有"氩气"字样，一般容积为 40L，可储存 $6m^2$ 氩气，满瓶时压力为 15MPa，纯度应在 99.99% 左右。

氩气流量随着电弧长度的增大而增加，否则，保护性能变坏。氩气流量太大，会产生气流紊乱，保护性能下降，电弧不稳定，焊缝产生气孔、氧化现象；反之，氩气流量小，气体刚性差，保护效果也不好。

（7）喷嘴直径　喷嘴应能保证氩气流出后，完全罩住焊接熔池区。如直径太大，影响操作者视线，不易观察焊缝成形。直径太小，气流不能很好的保护焊接区，焊缝金属容易氧化。喷嘴直径一般以 12～16mm 为宜，喷嘴直径应根据板厚和电流大小选择，增加喷嘴直径还应加大气体流量，使保护区增大，提高保护效果。

（8）喷嘴距离　喷嘴至焊件的距离太高，保护气受空气流动的影响，会发生摆动。当焊枪移动时，气流由于空气的阻力而偏离熔池，降低保护效果。喷嘴的最佳距离为 8～14mm。

（9）钨极伸出长度　钨极伸出长度直接影响喷嘴的高低和气流保护效果。伸出太长，气流发生摆动；伸出太短，焊工无法观察焊丝送进情况。一般正常伸出长度为 3～4mm 比较合适。

三、实习案例

1. 操作要素

（1）引弧　若采用接触法（短路引弧）引弧时，不应在焊件上直接引弧，以免打伤金属基体或产生夹钨。采用接触法引弧时，钨极接触焊件的动作要轻而快，防止碰断钨极端头，造成电弧不稳定。这种方法在接触时产生很大的短路电流，钨极容易烧损。

在实际生产中，通常都是采用高频或脉冲引弧。引弧时，先将焊枪在待焊处保持一定距离，然后通过高频或脉冲电源，在高频或脉冲的作用下，使氩气电离而引燃电弧。这种引弧不会损坏钨极端头，有利于保证焊接质量。

（2）收弧　焊接结束时，由于收弧的方法不正确，容易产生弧坑和火口裂纹、气孔以及烧穿等缺陷。在没有电流衰减装置时，收弧时不要突然拉断电弧，可重复收弧动作，填满弧坑后再收弧。

2. 平焊练习

（1）焊前准备

① 练习焊件材料：不锈钢板，长 200mm，宽 100mm，厚 2mm；不锈钢焊丝，直径 2mm；铈钨极，直径 2mm。

② 氩弧焊机，选用 NSA7-300 型；气冷式焊枪一把；面罩（选用 9 号护目镜片）。

③ 氩气瓶、浮子流量计、减压器等必备器具。

④ 焊前，焊件及焊丝表面进行清理。其方法是先用汽油或丙酮清洗，然后用硝酸溶液进行中和，使表面光洁，再用热水冲洗，烘干后备用。

⑤ 定位焊　定位焊时，要先点焊中间，后焊两侧。定位焊时，采用短弧，焊缝不得大于正式焊道的宽度和高度的 75% 左右。

（2）焊接操作：手工钨极氩弧焊操作方法是用右手握焊枪，用食指和拇指夹住枪身前部，其余三指触及焊件作为支点。也可用其中两指或一指作为支点。枪要用力握住，使焊接电弧稳定。左手持焊丝，注意焊丝不能与钨极接触。若焊丝与钨极接触，会产生夹钨或飞溅，影响气体保护效果，焊道成形变差。

调节氩气流量时，先开启氩气瓶手轮，氩气流出，将焊枪喷嘴靠近面部或手心，再调节减压器，等感到稍有气体吹力即可。

在焊接过程中，通过观察焊缝颜色来判断气体保护效果，如果焊缝表面有光泽，呈银白色或金黄色，保护效果最好；若焊缝表面无光泽，发灰，则保护效果差。还可以通过观察电弧来判断气体保护效果，若电弧晃动，并有呼呼声，说明氩气流量过大，保护效果差。

焊接电流可选用 60～80A。由于初学者操作技术不熟练，因此，在焊接规范的范围内，要选用下限为佳。

调整焊枪角度与焊丝与焊件之间的位置，为了使氩气能很好保护熔池，焊枪的喷嘴与焊件表面应有较大的夹角，一般为 80°左右，填充焊丝与焊件表面夹角为 10°左右，在不妨碍视线的情况下，应尽量采用短弧焊，以增强保护效果，见图 2-46。

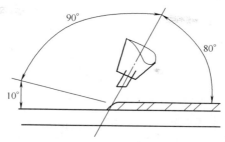

图 2-46　焊件、焊枪与焊丝的位置示意

平焊时一般普遍采用左焊法进行焊接。在焊接过程中，焊枪应保持匀速直线运动。焊丝的送入方法，是焊丝进行往复运动。当填充焊丝末端送入电弧区熔池边缘上被熔化后，将焊丝移出熔池，然后，再将焊丝重新送入熔池，但填充焊丝不能离开氩气保护区，以免高温的焊丝端头被氧化，影响焊接质量。

电弧引燃后，不要急于送入填充金属，要稍停留一定时间，等基体金属形成熔池后，立即填充焊丝，以保证熔敷金属和基体金属很好熔合。

在焊接过程中，要注意观察熔池的大小，焊接速度、焊丝填充量，应根据具体情况密切配合好；应尽量减少接头；计划好焊丝长度，尽量不在焊接过程中更换焊丝，以减少停弧次数；若中途停止后，再继续焊接时，要用电弧把原熔池的焊道金属重新熔化，形成新熔池后再加入焊丝，并要压过前焊道 5mm 左右，重叠部分要少加焊丝，使焊道平滑过渡。

第一条焊道在焊接终止后，再焊第二道焊道。焊道间距离为30mm 左右。

3. 焊缝检验

① 焊件表面不允许有电弧擦伤现象。

② 焊缝正面高度、宽度要一致；背面焊透均匀，无未焊透、

未熔合、焊瘤、夹钨、气孔等缺陷。

③ 焊缝表面波纹清晰，焊道直，成形美观，表面为明亮的银白色。

④ 焊缝与母材呈圆滑过渡。

思 考 题

1. 打底层焊缝，焊接操作有什么困难？

2. 定位焊时应注意哪些事项？

3. 焊接接头开坡口的目的是什么？

4. 对接焊缝的焊缝余高有什么规定？

5. 焊接采用短弧的意义是什么？

6. 开坡口焊缝与不开坡口焊缝有什么不同？

7. MZT-1000 型埋弧焊机的小车调节作用有哪些？

8. 根据什么条件选择焊丝和焊剂？

9. 通过埋弧焊实际操作练习有哪些体会？

10. 埋弧自动焊的操作要领有哪些？

11. 如何防止气孔缺陷的产生？

12. 焊接环焊缝时，焊丝的位置应如何调整？

13. CO_2 气体保护焊时，焊丝与 CO_2 气体在使用中应注意什么？

14. CO_2 气体保护焊操作特点如何？

15. CO_2 气体保护焊焊接中厚钢板，平焊缝时应采用多大直径焊丝？

16. CO_2 气体保护焊如何防止产生气孔？

17. 手工钨极氩弧焊有什么特点？

18. 手工钨极氩弧焊常见缺陷有哪些？

19. 手工钨极氩弧焊时，氩气纯度应为多少？

20. 手工钨极氩弧焊缝的表面成形特点如何？

第三章 焊接结构生产

第一节 焊接构件的备料

一、原材料复验

焊接结构所使用的原材料主要分两大部分：一类是钢材，如钢板、型钢（角钢、槽钢、工字钢、扁钢、圆钢等）；另一类是焊接材料，如焊条、焊丝、焊剂、保护气体等。

原材料进厂时，应有完整的质量证明书。为了保证产品质量，国家以及行业标准中，还规定了原材料复验的相应标准。因此，在原材料使用前，应依据相应规定，进行化学成分和力学性能复验，达到质量证明书上的质量指标。

二、钢材的矫正

钢材在轧制、运输、堆放过程中，常会产生由碰撞引起的表面不平整、弯曲、扭曲等现象。特别是薄板或小型型钢，更容易产生变形，使划线、下料达不到图面要求的精确度。因此，有关专业标准中规定了轧制钢材出厂时的允许偏差（见表3-1）。

在划线前，凡是变形量超过允许偏差值的钢材，都必须按规定进行矫正。

常用的矫正设备有钢板矫正机（平板机）、型钢矫正机、型钢撑直机、管子矫直机等。

三、放样划线

（1）放样　放样是把图样结构的形状和尺寸，展开成平面的实际形状和尺寸，以1:1的比例在放样平台（或地板）上画出平面形状，制成样板，以供下料前划线使用。

表 3-1 轧制钢材的允许偏差

偏差名称	图　例	允许偏差
钢板、扁钢的局部挠度		$\delta \geqslant 14$ $f \leqslant 1$ $\delta < 14$ $f \leqslant 1.5$
角钢、槽钢、工字钢、管子的直线度		$f \leqslant \dfrac{L}{1000}$ $L > 5$
角钢两肢垂直度		$\Delta \leqslant \dfrac{b}{100}$
槽钢、工字钢翼缘的倾斜度		$\Delta \leqslant \dfrac{b}{80}$

（2）划线　划线是将构件展开的平面形状与尺寸划到钢材上，并标注上加工符号。批量生产或异形复杂曲线，要利用样板进行划线，单件生产时可以直接在钢材上放样、划线。

四、切割加工

切割加工分下料切割和边缘加工两部分。

（1）下料切割　下料切割是按照划出的线将钢板或型钢分离切

割，加工成所需的坯料或零件。常用的方法有剪切、锯削、冲裁和气割等。

剪切是利用剪刀对钢板进行切断的切割方法。由于具有切口光洁、分离过程无切屑、经济效率高等优点，是目前应用最广泛的一种加工方法。切割设备有龙门剪、斜剪、联合剪、双盘剪等多种形式，可剪切方形、平行四边形、梯形和三角形等各种直线组合的几何形状。

锯削一般用来切断型材、管子和圆钢等。常用的切割机有圆片锯、砂轮机等多种，其中，尤其以砂轮机（也称无齿锯）应用最广泛。锯削可以用来切断各种管材和型钢。特别是对难切割的高强钢（如耐热钢、低合金高强钢和不锈钢），具有设备简单、操作灵活方便，生产效率高等优点。

气割是利用气体火焰的热能，将工件切割分离的加工方法。气割的特点是不受零件几何形状限制，能气割任何空间位置的零件，气割金属厚度较大。

按气割的操作方法不同，可分为手工气割、半自动气割、光电跟踪气割和数控气割等多种形式。目前，数控气割已广泛应用于各行业生产。对于不锈钢等难熔金属，可采用等离子弧切割。

（2）边缘加工　对工件的边缘（包括坡口）加工，可使工件边缘获得所需的形状、尺寸、精度和粗糙度。边缘加工的目的是：除去剪切硬化层、修理气割后的边缘，达到工艺要求，为焊接做好必要的准备。

边缘加工方法主要有氧气切割（或等离子切割）和机械切屑两种，有时也用手工打磨。加工坡口的方法有刨边机、风动工具、机床、燃气切割和碳弧气刨。

大型板材通常是在刨边机上加工坡口，管子端面可采用车床等机械加工。

五、成形加工

对有不同角度或曲面要求的构件，选择折边、弯曲、压滚、钻孔等方法。这些工艺方法是在常温下进行的，称为冷成形加工。当把钢材加热到 800～1100℃ 高温下才能进行加工时，称为热成形加工。

1. 折边

折边就是把工件折成一定角度。折边常用的设备有摆梁式弯曲机和折弯液压机（折边机）等。折边的加工形式如图 3-1 所示。

2. 弯曲

（1）弯板　弯板是将钢板在冷状态下，弯制成圆柱形或圆锥形筒体。一般为三辊或四辊卷板机，其工作原理如图 3-2 所示。

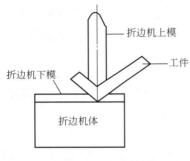

图 3-1　折边加工形式

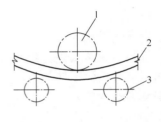

图 3-2　三辊卷板机工作
原理示意
1—上辊；2—工件板材；3—下辊

卷板机的下辊是主动辊，上辊则能上下垂直调整距离。因此，可卷制不同半径和板厚的筒节。板材的弯曲是借助于上辊向下移动后产生的压力，使钢板产生塑性变形来达到的。板材沿下辊旋转的方向，向前滚动，并带动上辊旋转。板材随着辊子做多次来回旋转，便获得所需要的筒体曲率。

按卷板时的温度不同，可分成冷卷、热卷和温卷三种形式。

冷卷是最常用的一种方法。它是在常温下卷制，适用于薄板及中厚板。这种方法操作简单方便，曲率容易控制，较为经济适用。但在卷制较厚的板材时，由于厚度大，板材有回弹现象，并容易产生冷作硬化现象。

热卷是指在温度不低于700℃条件下卷制。常用于厚板的筒体成形。由于高温作业，劳动条件差，且因板材加热到高温，表面产生严重的氧化皮；操作不当时还会有轧薄现象。

温卷是钢板加热到500～600℃时，进行卷制。与冷卷相比较，钢板的塑性有所改善，可以减少冷卷脆断的可能性。与热卷相比较，可减少氧化皮，但卷制成形后，筒体仍有一定的回弹现象（内应力）。根据要求，需进行消除应力热处理。

（2）弯管　弯管是将管子弯制成一定的平面角度或空间角度。通常，是在弯管机上进行弯制。根据弯管时的温度，可分为热弯和冷弯两种。

冷弯又分有芯和无芯两种。有芯弯管是将一根一定直径的芯棒插入管内弯曲变形处。它在一定程度上可防止或减小管子的椭圆度。无芯弯管是直接把管子在弯管机上进行弯制，由于管内不必加油、装芯，简化了工序，生产效率高，且为自动化、机械化提供了有利条件。这种方法广泛应用于直径32～60mm的各种管子弯曲加工。

热弯常用于一次性生产，减少弯头数量。热弯多用于大直径管子的弯曲，加热方法有中频加热和火焰加热两种。中频加热弯管是将管子放置在有强大磁场的中频感应圈内，管子被加热到900～1000℃，随即进行弯制，通过感应圈斜面上的小孔，喷出冷却水，冷却管子的弯曲面。这种方法能把管子的受热面控制在很窄范围内，保证了管子的弯曲质量。

火焰加热弯管是利用氧-乙炔火焰，通过加热圈对管子的局部进行加热弯曲。但弯管时温度较难掌握，生产效率较低。

（3）型钢弯曲　型钢弯曲是指工字钢、槽钢、角钢、扁钢或圆钢的弯曲成形。常用的弯曲方法是在型钢弯曲机上加工。这种设备配有成套的滚轮，可按型钢种类更换。

3.压制成形

压制成形是以钢板为原坯料，利用压力机上的冲压模具，使板料成形，常用于容器的封头压制和人孔翻边等加工。

压制封头时，先将坯料加热至一定温度（见表 3-2），然后放在下模上，并与上模对准中心，下模向下压即制成封头。

表 3-2 常用钢材的加热和冲压温度

钢 材 牌 号	加热温度/℃	冲压温度/℃	终压温度/℃
Q235-A、Q235-AF、20g、20R	950～1050	950～1000	≥700～730
16MnR、16MnCu	950～1050	950～1000	750～780
18MnMoNb	1000～1050	1000	≥800
12CrMo、15CrMo	950～1000	950～1000	750～800
1Cr18Ni9Ti	1050	1000～1050	800～850

另外，封头可以采用旋压成形的方法制作。它是利用专用的旋压机，先把坯料压成蝶形，然后放在旋压机上缩口，旋压成形。这种方法成形尺寸精度高，稳定性好，材料消耗少，能获得刚度大、强度高的优质试件。

第二节 焊接构件的装配与焊接

根据图样、工艺要求以及技术条件等，把预制好的零件，用焊接的方法连接在一起的工序，称为装配与焊接。

一、焊接结构的装配与焊接特点

焊接结构的装配与焊接不同于其他机械装配方式，而有它自己的特点。

① 由于结构的零件，都是由原材料经划线、剪切、气割、矫正、滚卷、弯曲等工序制成的，加工精度低，互换性很差，装配时，某些零件可能需要选配和调整，必要时还需要采用气割、劈錾或砂轮打磨修理等。所以，装配时应注意组件、部件或结构总体的偏差，控制在技术条件允许的范围内。

② 金属构件都采用整体进行焊接，因此，焊接后就不能拆卸。如果不能返修，将导致产品的报废。所以，对装配顺序和质量应有周密性的思考和严格的要求。生产过程中，事先要了解图样技术要求，装配时严格执行工艺要求。

③ 装配时伴有大量的定位焊缝，装配后还有大量的焊接工作量，所以装配时要考虑、掌握焊接应力和结构变形的特点。

④ 对体积庞大和刚性很大的构件，装配时考虑加固。

⑤ 装配焊接时，应尽量采用焊接变位机和胎卡具，以保证焊接质量和提高生产率。

二、各种焊接构件的装配与焊接

焊接构件的种类繁多，其装配与焊接的顺序也不一样，就是对同一种构件，也有不同的装配与焊接顺序。

1. 筒节环缝的装配与焊接

筒节环缝装配与焊接，可以立装，也可以卧装。立装容器容易保证质量，效率高，占地小。特别适用于薄筒、大直径时装配。对筒壁厚、质量大的筒节，应采用卧装。其装配应在滚轮架上进行。筒节装配定位后，再进行封头装配。但应先装配其中的一端，然后进行内口的焊接。焊好后再组装另一端，形成终端环焊缝。通常，终端焊缝需采用单面焊双面成形工艺。如果有人孔，则可以采用双面焊。

2. 型钢结构的装配与焊接

各种梁、柱的型钢结构形状很多，但装配焊接的顺序相差并不大。几种常见的截面形状的梁结构的装配与焊接顺序见表 3-3。

表 3-3　几种常见的截面形状的梁结构的装配与焊接顺序

名称	截　面　形　状	装配焊接顺序
单腹板梁		装件 1、2、4 →焊接→矫正→装件 3→焊接→矫正
型钢梁		装件 1、2、3 →焊接→矫正→装件 4→焊接→矫正→焊接件 5

名称	截 面 形 状		装配焊接顺序
型钢梁			装件 1、2 →焊接→矫正→装件 3 →焊接→矫正
箱形梁		$H=1000\sim$ 1600mm	装件 2、3 →焊接→矫正→装件 1 →焊接→矫正→装件 4 →焊接
		$H<1000\text{mm}$	装件 1、2、3 →焊接→矫正→装件 4 →焊接→矫正

第三节　典型结构的焊接案例

一、容器的焊接

1. 再生塔的焊接

(1) 工况条件　工件直径 4.6m，高 6.7m，设计压力 1.75MPa/m³，设计温度 150℃，介质为碱性。设备壳体材料，上部为 0Cr19Ni9 不锈钢，厚度 $\delta=12\text{mm}$；下部为 16MnR 普通低合金钢（$\delta=16\text{mm}$）＋0Cr19Ni9 不锈钢（$\delta=3\text{mm}$）的复合钢板。采用 ZX5-400 硅整流手弧焊机。

(2) 焊前准备　手工电弧焊，16MnR 钢采用 E5015（J507）焊条；0Cr19Ni9 不锈钢采用 E308 焊条；埋弧自动焊焊丝为 H10Mn2，$\phi4\text{mm}$；焊剂为 SJ101。

焊前，按 JB 4709 规定开好坡口，清理被焊处、点固焊，并选择适当的焊接工艺。

(3) 焊接工艺　壳体焊缝采用手工电弧焊和埋弧自动焊。焊接顺序是：先内侧，后外侧；先纵缝，后环缝。平板直缝拼接，先用手工电弧焊封底，在另一面采用碳弧气刨清根后，再用埋弧自动焊盖面。环缝的焊接，是将装配好的简节放在滚胎上，由几名焊工从里面同时（朝一个方向）用手工电弧焊焊接。然后在外侧用碳弧气刨清焊根，再用埋弧自动焊焊接。

焊接材料及焊接规范见表 3-4。

表 3-4　焊接材料及焊接规范

母材种类	焊接方法	焊接电源	焊接材料	焊接电流/A	电弧电压/V
不锈钢	手工电弧焊	逆变直流	奥 132	140～170	20～22
	埋弧自动焊	MZ1-1000 埋弧焊机	焊丝 H0Cr21Ni10 焊剂 260	500～550	32～36
低合金钢	手工电弧焊	逆变直流	J507	160～230	20～22
	埋弧自动焊	MZ1-1000 埋弧焊机	焊丝 H10Mn2 焊剂 SJ101	600～650	32～36
低合金钢 ＋不锈钢	手工电弧焊	逆变直流	奥 307	140～170	20～22

2. 复合钢板容器的焊接

催化裂化装置的吸收塔是用复合板焊接制成的塔类容器。设备最高工作压力 1.5MPa，属于 Ⅱ 类压力容器。外形尺寸为 $\phi2400mm \times 66000mm$，厚度 $\delta = 28mm + 3mm$，基层材质为 15MnVR；覆层材质为 SUS405。

焊接时，基层主要采用埋弧自动焊焊接，焊丝选用了 H10MnSi，$\phi4mm$，焊丝配合 SJ101 焊剂；首层打底焊用手工电弧焊，选用 $\phi3.2\sim 4.0mm$ 的 E5015 焊条。复合钢板的坡口形状和尺寸如图 3-3 所示。

基层焊接完成后，覆层的焊接采用手工电弧焊，其焊条选用 E309Mo-16，这是为了使过渡层和覆层采用同一种焊条，避免混乱用错，又可免去焊后热处理的工序。其基层、覆层的焊接工艺参数

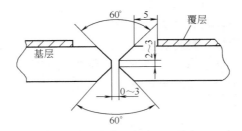

图 3-3　复合钢板对接焊缝的坡口形状和尺寸示意

见表 3-5～表 3-7；覆层的焊接顺序如图 3-4 所示。

表 3-5　复合板埋弧自动焊工艺参数

母 材		焊 接 材 料		焊接层次	焊接电流 /A	电弧电压 /V	焊接速度 /(cm/min)
牌号	规格/mm	牌号	规格/mm				
15MnVR	$\delta=28$	H10MnSi	$\phi4.0$	1	500	36	36
				2	550～580	36～38	36～40
				3	550～580	36～38	36～40
				4	600	40	36～40

表 3-6　复合板基层手工电弧焊工艺参数

母 材		焊 接 材 料		焊接层次	焊接电流 /A	电弧电压 /V	焊接速度 /(cm/min)
牌号	规格/mm	型号	规格/mm				
15MnVR	$\delta=28$	E5015	1.2	1	90～120	22	10
			4.0	2	160～180	24～25	8
			4.0	3	160～180	24～25	8
			4.0	4	160～180	24～25	8

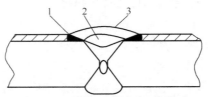

图 3-4　复合板覆层的焊接顺序示意

110

表 3-7　复合板覆层手工电弧焊工艺参数

母　材		焊接材料		焊接层次	焊接电流/A	电弧电压/V	焊接速度/(cm/min)
牌号	规格/mm	型号	规格/mm				
SUS405	3	E309 Mo-16	3.2	1	90～100	22	10
			4.0	2	140～160	23～24	8～10

二、管道的焊接

作为输送介质的各种管道，广泛应用于工业设备中。管道按设计压力要求分为真空管道、低压管道、中压管道、高压管道和超高压主管道等。管道的连接除了螺纹连接外，大量采用焊接方法连接。

（1）管道常用焊接方法、特点及适用范围　见表 3-8。

表 3-8　管道常用焊接方法、特点及适用范围

焊接方法	焊接位置	特　点	应用范围
手工电弧焊	全位置	适应性强,效率低,质量受操作者影响	设备安装中管道配制、焊接
钨极氩弧焊	全位置	质量好,效率低	小直径管子焊接或大直径管的封底焊
熔化极惰性气体保护焊	管子水平转动	质量好,效率不高	壁厚7mm以下管子焊接
熔化极惰性气体保护焊(机)	管子不动	质量好,装配质量要求高,辅助时间长	小直径管子对接
等离子弧焊	管子转动或不动	热量集中,效率较高,焊接参数较难控制,易产生气孔	合金钢、不锈钢管子焊接。管道的安装、制作
CO_2 气体保护焊	全位置	效率较高,焊接范围有一定限制	设备管道安装、制作
热丝气体保护焊	管子转动(平焊位置)	对 $\delta=7mm$ 的管子不开坡口可一次焊成,质量好,效率高	$\delta \leqslant 7mm$ 管子的对接

（2）20 钢水平固定管的焊接　由于焊缝是环形，焊接过程要经仰、立、平等几种位置，焊接角度变化很大，操作较困难，应注意到每个环节的操作要点。

① 定位焊。一般，定位焊以管径的大小来确定定位焊数量。小直径管定位焊一处即可，中直径管（$\phi51\sim133$mm）定位焊两处，大直径管子定位焊 4 处。定位焊缝长度一般为 $15\sim30$mm，余高 5mm，定位焊缝在水平或斜平位置上。选用直径 3.2mm 焊条，电流 $90\sim130$A。

② 焊接工艺。水平固定管要从管子底部的仰焊位置开始，分两半焊接。先焊的一半叫前半部，后焊的一半叫后半部。两半部焊接都按仰、立、平的顺序进行。其焊接工艺参数见表 3-9。

表 3-9　水平固定管的焊接工艺参数

母　材		焊 接 材 料		焊接层次	焊接电流/A	电弧电压/V	焊接速度/(cm/min)
牌号	规格/mm	型号	规格/mm				
20	$\phi377\times12$	J427	3.2	1	$90\sim100$	$20\sim22$	10
			4.0	其余各层	$140\sim160$	$23\sim24$	$8\sim10$

思 考 题

1. 焊接结构的生产程序如何？

2. 焊接构件备料的工序是什么？

3. 简述容器筒体的成形加工方法？

4. 装配与焊接时，应注意些什么问题？

第四章　金属结构的焊接

焊接是现代制造金属结构的基本工艺方法。金属结构大部分是用板、型钢、管材等焊成，焊接的金属结构具有强度和刚度高、结构质量小、施工简便等优点。但也存在下述问题。

① 在整个结构中，由于各部位的受力情况不同，所以对焊缝的要求也不一样。

② 焊接残余应力对结构的承载能力有一定的影响，残余应力的逐步松弛，又会引起结构的尺寸与形状的变化，给组装带来很多困难，严重的可能影响结构的使用。

③ 如果结构设计和焊接工艺不当，有可能造成结构有很大的应力集中，使在动载荷或低温条件下工作的结构产生脆断。

针对以上问题，在金属结构的焊接前，应首先充分做好焊前的准备工作，并根据各种长度的焊缝确定正确的焊接方法；在金属结构的焊接中，根据结构的特点采用适当的焊接工艺。

第一节　焊前的准备工作

焊前的准备工作做得好坏，与焊接金属结构的产品质量有着密切的关系。焊前的准备工作，包括焊接规范的正确选择、母材和焊接材料的选用、焊接夹具的选用、装配质量的检查、坡口的选用及加工和清理、定位焊等。其中焊接规范的正确选择和坡口的选用及加工可参见第二章第一节相应内容。

一、材料的准备

母材的质量必须符合设计图纸的要求。母材应具有出厂合格证。如果母材的性能、成分不清楚，应通过力学性能试验及化学分析来鉴定。根据母材的性质确定是否需要预热、选择合适的焊条、确定焊接工艺等。

焊接材料的选择首先要适合母材的性质，在选择焊接材料时要特别注意以下几点。

① 焊接材料必须满足金属结构产品设计对焊接接头力学性能、工作条件（温度、介质、承载）的要求。

② 焊接材料应根据母材的可焊性选择，以保证获得优质、无缺陷的焊接接头。

③ 焊接材料还要根据焊接结构的具体情况、施工条件等，从提高生产率和降低成本出发来选择。

二、焊接夹具的选用

使用合理的焊接夹具，不但能提高生产效率，还能获得优质的产品。例如，通过使用焊接夹具，使接头处于平焊位置，所焊出的产品焊缝既漂亮，又不容易产生缺陷，还能提高生产效率。总之，在焊接尺寸和形状相同的产品时，如果采用夹具固定并组装起来焊接，要比一个一个地测量、进行定位焊，再进行焊接的方法效率高，精度高。

三、装配质量的检查

在焊前的装配准备中，应对坡口和焊接接头部位的精度进行检查。如果坡口过窄，则可能产生未焊透，使接头的使用性能降低；如果坡口过宽，则焊后变形明显，而且消耗材料多，费时，费力。

结构在装配时，还应检查装配间隙、错边量等是否符合图纸和工艺文件的要求。如果发现不符合要求的坡口和接头，要采取措施进行补救和修正。

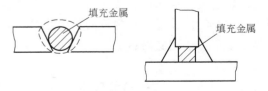

图 4-1　错误的修补方法

对于接头装配间隙过大时，绝对不允许采用填充金属的错误方法进行修补，如图 4-1 所示。

图 4-2 所示为角接接头装配间隙过大时的修补方法。图 4-2（a）为角接接头间隙超过规定间隙 1.5mm 时的修补方法；图 4-2（b）为角接接头间隙接近 4mm 时，应加大焊脚尺寸；当角接接头间隙超过 4mm 时，就应使用垫板修复，见图 4-2（c）；图 4-2（d）表示对接接头距角接接头的间隔距离应不小于 300mm。对接接头的修补方法，详见图 4-3。

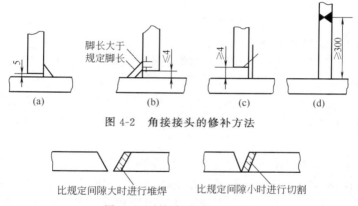

图 4-2　角接接头的修补方法

图 4-3　对接接头的修补方法

四、清理工作

接头表面上的锈、水分、油、涂料、轧制氧化皮等，在焊接时容易引起气孔等缺陷，所以必须清理干净。在多层焊时，必须使用钢丝刷等工具把每一层焊缝的焊渣清理干净。如果接头表面有油和水分时，可用气焊枪烘烤，并用钢丝刷清除；对于铁锈和轧制氧化皮等，可采用喷砂清除，或采取用砂轮机研磨的方法来去除。用不锈钢制作重要部件的焊接中，焊前必须采用丙酮、酒精等溶剂擦洗坡口表面，去除油污。特别是在超低碳不锈钢容器的焊接时，这种清理工作将直接影响到焊缝金属中的碳含量，而最终影响到接头的耐蚀性。一般手工电弧焊清理范围是焊接接头及其两侧 25mm 内，有色金属为 50mm，埋弧自动焊为 30mm。

五、定位焊

定位焊又称点固焊。定位焊起到在正式焊接之前把焊件组装成整体的作用。定位焊缝要作为正式焊缝的一部分而被保留在焊件之中，所以，其质量好坏及位置、长度是否合适，会直接影响正式焊缝的质量和焊件变形的大小。点固焊实际上比正式焊接显得更为重要。因此，定位焊所用的焊条及对焊工技术水平的要求与正式焊一样，甚至更高些。在定位焊时，应注意以下几点。

① 定位焊缝短小，起头和收尾部位很接近，因而容易产生始端未焊透，收尾部分有裂缝的缺陷。要求在正式焊接之前，必须把有缺陷的定位焊缝剔除重焊。

② 定位焊缝应避免在焊件的端部、角部等容易引起应力集中的地方。

③ 定位焊所用的焊条要用正式焊接时技术文件中所规定用的焊条。焊条的直径比正式焊接的焊条细，焊接电流比正式焊接时大 $10\% \sim 15\%$。

④ 焊接淬硬倾向较大的低合金高强钢和耐热钢时，焊定位焊缝也应预热，而且预热温度与焊正式焊缝时相同，并且应尽可能避免直接在坡口内焊接定位焊缝，可采用拉紧板、定位镶块等进行组装，正式焊接后在拆除这些工件以后应把焊点磨平，并检查有无表面裂纹。

⑤ 定位焊缝的厚度（在焊缝横截面中，从焊缝正面到焊缝背面的距离）、长度和间距可参见表 4-1。当有起重需要时，焊缝长度可适当加长。

表 4-1　定位焊缝的厚度、长度和间距/mm

焊件厚度	定位焊缝尺寸		
	厚度	长度	间距
<4	<4	5～10	50～100
4～12	3～6	10～20	100～200
>12	>6	15～30	100～300

第二节　各种长度焊缝的焊接方法

一般在 500mm 以下的焊缝为短焊缝，在 500～1000mm 以内的焊缝为中等长度焊缝，焊缝长度在 1000mm 以上为长焊缝。在焊接金属结构时，为减小金属结构的变形，当焊缝长度不同时，采用的焊接顺序也就有所不同。现将各种常用的焊接方法说明如下。

（1）直通焊接法　对于短焊缝的焊接一般采用直通焊接法。即从焊缝起点起焊，一直焊到终点，焊接方向始终保持不变。

（2）对称焊法（见图 4-4）　一般适用于中等长度焊缝的焊接。即以焊缝的中点为起点，交替向两端进行直通焊。对称焊法的主要目的是为了减小焊接变形。

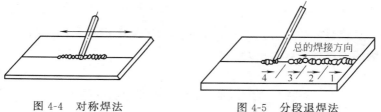

图 4-4　对称焊法　　　　　　　　图 4-5　分段退焊法

（3）分段退焊法（见图 4-5）　主要适用于中等长度焊缝的焊接。分段退焊法应注意第一段焊缝的起焊处要略低些，在下一段焊缝收弧时，就会形成平滑的接头。分段退焊法的关键在于预留距离要掌握合适，每一段预留长度最好等于一根焊条所焊的焊缝长度，以节约焊条。

（4）分中逐步退焊法（见图 4-6）　适用于长焊缝的焊接。即从焊缝中点向两端逐步退焊。此法应用较为广泛，可由两名焊工对称焊接。

（5）跳焊法（见图 4-7）　适用于长焊缝的焊接，其特点是朝着一个方向进行间断焊接，要求每段长度以 200～250mm 为宜。

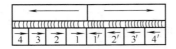

图 4-6　分中逐步退焊法

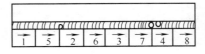

图 4-7　跳焊法

（6）交替焊法（见图 4-8）　基本原理是选择焊件温度最低的位置进行焊接，使焊件温度分布均匀，有利于减小焊接变形。此法的缺点是焊工要不断地移动焊接位置。交替焊法适用于长焊缝的焊接。

图 4-8　交替焊法

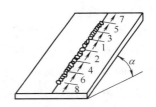

图 4-9　倾斜焊件长焊缝的焊接方法

长焊缝的焊接方法较多，但都是为了减小焊接变形。图 4-9 所示为倾斜焊件长焊缝的焊接方法。

第三节　梁、柱及桁架的焊接

一、梁的焊接

（1）不带肋板工字梁及其他对称结构的焊接　图 4-10 所示分别为不带肋板的工字梁和箱形断面梁，这种梁的焊接必须考虑到变形问题。对于工字梁的焊接，最好在焊前对上下翼板用压床压出与焊接相反的反变形，或使焊件在刚性固定下进行焊接。对于腹板的上下两端应开出坡口。在焊接的过程中必须按照正确的装配和焊接顺序来控

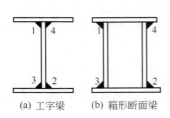

（a）工字梁　　（b）箱形断面梁

图 4-10　不带肋板的工字梁和
箱形断面梁的焊接

制变形，图 4-10 中的数字表示施焊焊接顺序，如果由一个焊工施焊时，应先焊焊缝1，然后翻转工件焊接焊缝2、3，最后再翻转回原位置焊接焊缝4。若有两个焊工同时施焊时，则由一个焊工焊接焊缝2，另一个焊工焊接焊缝3，焊完后翻转工件，用同样的方法焊接焊缝1和4。焊接时，应根据焊缝长度选择正确的焊接方法。

（2）带肋板的工字梁的焊接　带肋板的工字梁如图 4-11 所示。这种结构以肋板作为分段范围，不论大小和长短，应一律从中部开始焊接。

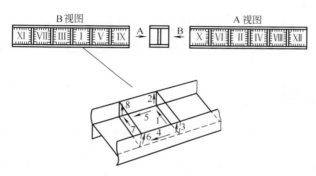

图 4-11　带肋板工字梁的焊接

在每一分段范围内应按图 4-11 所示的 1、2、…、8 的顺序进行焊接，其中 1、4、5、7 焊缝较长，最好采用分段退焊法。在施焊时，首先按以上叙述焊接 I 范围内全部焊缝，然后翻转工件焊接另一面的相对位置 II 的全部焊缝。依次焊接 III、IV、V、VI、…、XI、XII。严格按照以上焊接顺序施焊，则焊接应力分散，达到变形较小的效果。

（3）梁柱的安装焊接　如图 4-12 所示，把箱形断面梁安装到立柱上时，应首先把梁焊接在支撑牛腿上，然后把侧面的连接板焊接到梁

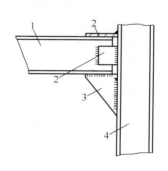

图 4-12　梁柱安装焊缝的焊接
1—梁；2—连接板；3—牛腿；4—柱

与柱上，最后把上面的连接板焊到梁与柱上。这样能使梁贴紧牛腿，不会发生位移和脱空。

二、柱的焊接

（1）十字形钢柱的焊接 十字形钢柱是用三块钢板拼焊而成的，如图 4-13 所示。首先将板Ⅰ、Ⅱ与板Ⅲ组对装配好。然后按图 4-13（a）所示的焊接顺序 1—2—3—4 进行焊接。在焊接每一道焊缝时，为了减小焊接变形，必须进行分段焊接，即焊一段空一段。如图 4-13（b）所示。为了减少变形，可用 90°龙门板夹固进行焊接。

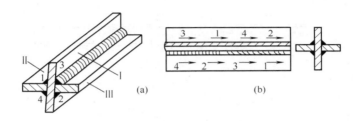

图 4-13 十字形钢柱的焊接顺序

（2）双工字钢柱的焊接 定位焊好以后，其焊接顺序如图 4-14 所示。首先用跳焊法焊接正面的加强板 1、2、3；翻过去再焊背面的加强板Ⅰ、Ⅱ、Ⅲ、…；跳焊完后，翻过来再焊背面的加强板 4、5、…；再翻过去焊接 1、2、3 对面的加强板。这样反复翻转两次就完成了整个焊接过程。上述焊接过程，跳焊距离应根据柱的长短和加强板的多少，每隔两块或三块加强板焊一块，同时必须要求两面交替进行焊接。

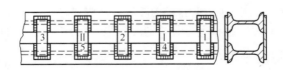

图 4-14 双工字钢柱的焊接顺序

三、桁架的焊接

桁架焊接工艺的关键问题是：从工艺上保证桁架能够适应载荷

120

的变化，满足对桁架的强度要求；在施焊中按照正确的焊接顺序和焊接方法，控制其变形量，满足对桁架的安装和使用的要求。桁架的焊接工艺要点如下。

① 焊缝的高度和长度应按图施焊，装配误差要小，接头清理干净，保证焊接质量。

② 上、下弦接点的焊接要分散，采取跳焊法，如图 4-15 所示的钢结构房盖，应按①、②、③…结点顺序进行焊接。

③ 由于在结点处焊缝密集，焊接应力集中，应采用分散应力的焊接方法。如图 4-15（b）所示，先焊主要焊缝 1、2 和 3、4，然后再焊斜缝 5、6 和 7、8。对于其中较长的焊缝 1、2，应从中间开始向两侧进行施焊。

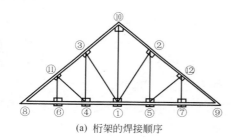
(a) 桁架的焊接顺序

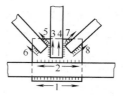
(b) 桁架①结点处焊缝的焊接

图 4-15 桁架的焊接

第四节 管子的手工电弧焊

一、管子接头和坡口

用手工电弧焊焊接管子时，由于管子的壁厚、结构形状和使用情况不同，接头形式和坡口形状选择也有所不同。

一般管子的接头形式有对接、搭接和丁字接等。最常见的接头形式是对接或套管对接。

采用对接接头，且只能从一面进行焊接的管子需开坡口。坡口形式见图 4-16。重要管子的常见坡口形式是 V 形、U 形和双 V 形

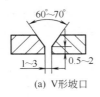

(a) V形坡口

(b) U形坡口

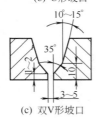

(c) 双V形坡口

图 4-16　管子的常见
坡口形式

三种。

（1）V 形坡口　V 形坡口是用得最多，加工最简单的一种坡口形式，在管子端部加工成 30°～35°的斜边，由两管端口合起来形成，可用机械加工或火焰切割加工而成〔见图 4-16（a）〕。V 形坡口形状上大下小，运条方便，视野清楚，容易焊透，易于掌握。但由于此种坡口外张角较大，填充金属较多，故焊接残余应力较大，因此在生产实际中，当管壁厚大于 16mm 时，一般不再采用 V 形坡口。

（2）U 形坡口　U 形坡口适用于管壁厚度大于 16mm、要求严格的焊口，如电站、锅炉中的主蒸汽管、给水管等。U 形坡口在各种位置上均具有操作方便、容易掌握、填充金属少等优点，但因坡口带圆弧，无法采用气割方法加工而使应用受到一定程度的限制，如图 4-16（b）所示。

（3）双 V 形坡口　双 V 形坡口把管壁分成两层，靠内壁 10mm 壁厚部分为 V 形坡口，10mm 以上的外壁部分为 10°～15°的小坡口，内外层用 R5 圆弧过渡，如图 4-16（c）所示。双 V 形坡口在相同壁厚条件下的各种坡口中，填充金属最少、焊接速度快、热应力小，但在一个斜面上有两个不同角度的坡口还有圆弧，加工复杂，所以只有在较重要的厚壁管道焊接中得到应用，大量采用受到限制。

以上各种管道的坡口均应清理干净，内壁平齐，管道焊接接头离弯头或三通的距离，必须符合有关技术规定。

二、水平位置管子的转动焊接

管子采用转动焊接，操作简便，生产率高，易保证焊接质量。其焊接操作要领如下。

（1）装配与点固焊　装配时要求坡口端面的平面度小于

0.5mm，焊口拼装错口不得大于 1mm，对口处的弯曲度不得大于 1/400。定位焊时，如管径 $\phi \leqslant 70$mm，只需在管子对称的两侧点焊定位；管径大可点焊三点或更多点。当管壁厚度≤5mm 时，点焊焊肉厚度可与管壁齐平，若管壁厚度大于 5mm 时，点焊焊肉厚度约 5mm。点焊焊肉的两端必须修成缓坡形。

（2）根部的焊接　不带垫圈的管子转动焊，为了使根部易熔透，运条范围应选择在立焊部位，如图 4-17 所示。操作手法采用直线形或稍加摆动的小月牙形。对于厚壁管子，为防止因转动时的振动而使焊口根部出现裂缝，在对口前应把管子放在平整的转动台或滚杠上。焊接时每一焊段焊两层后，方可转动一次。同时要求点固焊缝必须有足够的强度，并且靠近焊口的两个支点间距不应大于管径的 1.5～2 倍，如图 4-18 所示。

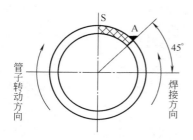

图 4-17　管子转动焊的立焊部位

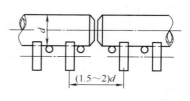

图 4-18　滚动支架的布置

（3）多层焊的其他各层焊接方法　转动焊的多层焊接，运条范围选择在平焊部位，如图 4-19 所示。焊条在垂直中心线两侧 15°～20°范围内运条，并且焊条与垂直中心线成 30°角。采用月牙形手法，压住电弧进行横向摆动，这样可得到整齐美观的焊缝。

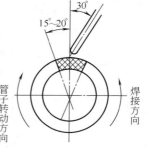

图 4-19　多层焊的运条位置

三、水平固定管子的焊接

水平固定管子的焊接，由于焊条位置变化很大，操作较困难：仰焊时，熔化金属有向下坠落的趋势；而在立焊及过渡到平焊位置时，则有向管子内部滴落的倾向，因而有时存在熔透不均、产生焊瘤和外观不整齐的现象；在仰焊时为了使熔化金属能熔化到坡口中去，主要靠电弧吹力，所以需增大焊接电流，但焊接电流较大使熔池面积增加，熔化金属容易下坠，故焊接电流必须合适；自立焊过渡到平焊的部位，往往由于操作不当而产生气孔、裂缝等缺陷。水平固定管子的焊接操作要领如下。

（1）装配与点固焊　组装时，管子轴线必须对正，以免形成弯折的接头。因先在下面焊接，应考虑到焊缝在冷却时会发生收缩，除按正常规范预留对口间隙外，还应考虑反变形的余量，即将对口上间隙扩大为管径的 0.3％ 左右（指经验数值）。为保证根部反面成形良好，对不开坡口的薄壁管，间隙可为管壁厚度的一半。带坡口的，用酸性焊条施焊时可按焊条直径值留间隙，用低氢型焊条时则按焊条直径的一半为好。对口间隙太大，易烧穿或形成焊瘤；对口间隙太小，根部易熔合不良、未焊透等。

点固焊与管子转动焊的焊接方法相同。

（2）根部施焊　在施工现场，不带垫圈的 V 形坡口对接焊比较普遍。一般焊接方法有两种：一种是分两半焊接，此法较常用；另一种是顺着管子圆周焊接。

① 两半焊接法，详见图 4-20。以截面中心垂直线为界面分成
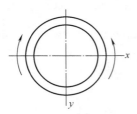
相等的两半，先焊的一半叫做前半周，后焊的一半叫做后半周。施焊时按仰、立、平焊位置顺序由下向上进行，即在仰焊位置起焊，在平焊位置收尾，形成两个接头，对特大直径管子，则分多段向上焊，这样可保证铁水和熔渣很好分离，熔深也较好掌握。

图 4-20　两半焊接法

两半焊接法的操作要领是首先修正点固焊焊口，在仰焊接头的坡口边上引弧至焊缝间隙内，用长弧烤热起焊处，经过 3～5s 预热后，迅速压短电弧熔化根部间隙进行施焊。在仰焊至斜仰焊位置运条时，必须保证半打穿状态，至斜立焊及平焊位置，可用顶弧焊

接。其运条角度变化过程及位置如图 4-21 所示。

为了便于焊接仰焊及平焊接头，焊接前半周时，在仰焊位置的起焊点及平焊部位的终焊点，都必须超过管子的半周，超越垂直中心线 5～10mm，如图 4-22 所示。

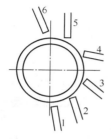

图 4-21　两半焊接法
运条位置

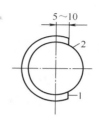

图 4-22　起焊点
和终焊点的位置
1—起焊点；2—终焊点

为使根部焊透均匀，焊条在仰焊及斜仰焊位置时，尽可能不进行或少进行横向摆动；在立焊及平焊位置时，可进行幅度不大的反半月牙形横向摆动。当运条至点固焊焊缝接头处，应减慢焊条前移速度，以便熔穿接头处根部的间隙，保证接头部分充分熔透。当运条至平焊部位时，必须填满熔池后再熄弧。

焊接后半周与前半周的仰焊接头时，应把起焊处的原焊缝用电弧割去一部分（约 10mm 长），这样既割除了可能存在的缺陷，又形成了缓坡形割槽，便于接头。先从超越接头中心约 10mm 的焊缝上引弧，用长弧烤热接头部分，如图 4-23（a）所示。当运条至接头中心时，立即拉平焊条压住熔化金属，依靠电弧吹力把液体金属推走而形成一缓坡形割槽，如图 4-23（b）、（c）、（d）所示。焊条至接头中心切勿灭弧，必须将焊条向上顶一下以打穿未熔化或有夹渣的根部，使接头完全熔合。对重要管子或使用低氢焊条焊接时，可用凿、锉等工具把仰焊接头处修成缓坡，然后再施焊。

对于平焊接头，也要先修成缓坡，选用适中的焊接电流值，当

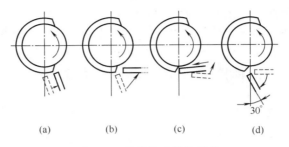

图 4-23　仰焊接头操作示意

运条至斜立焊（立平焊）位置时采取顶弧焊，使焊条前倾，并稍作横向摆动，如图 4-24 所示；当距接头中心 3～5mm 而将要封闭时，绝不可灭弧。接头封闭时应把焊条向里压一下，此时可听到电弧打穿根部的"啪啦"声，并在接头处来回摆动，保证充分熔合、填满弧坑，然后引弧到坡口一侧熄弧。

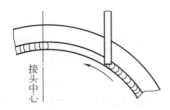

图 4-24　平焊接头用顶弧焊法

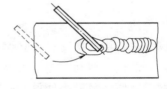

图 4-25　红热状态时的接头方法

　　与点固焊焊接相接的接头也应采用上述的方法。对于换焊条时的接头，有两种方法：第一种是在熔池保持红热状态时，迅速从熔池前面引弧至熔池中心接头，如图 4-25 所示，这种方法接头比较平整，但要求动作敏捷、运条灵活；第二种方法是熔池已完全凝固，有可能存在弧坑、气孔、裂缝等缺陷，这时应用电弧割槽或手工修理后再施焊。

　　② 沿管周焊接法。主要用在对焊接质量要求不高的薄壁管的焊接。其操作方法是：以斜立焊位置为起焊点，如图 4-26 所示，在自下而上的运条过程中最好不要灭弧，焊条端部托住熔化金属，采取顶弧焊接。在平焊—立焊—斜仰焊的几段焊接过程中，焊条应

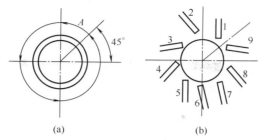

图 4-26　沿管周施焊示意

几乎处在与管周相切的位置。当由斜仰焊进入仰焊时，焊条可逐步偏于垂直。在仰焊—立焊—平焊的几段焊接过程中，运条方法与两半焊接法的后半周相同，最后在斜立焊位置闭合。

由于沿管周焊接法有一半是自上而下运条，熔化金属有下坠趋势，所以熔深浅，熔透度不易控制，而且熔化金属与熔渣也不易分离，焊缝容易产生夹渣等缺陷，但由于采用此法运条速度快，有较高的生产率。

（3）其他各层的焊接　多层焊时，其他各层的焊接也应分为两半进行施焊，操作要领也基本与相应位置的根部的焊接方法相似，但还应注意以下问题。

① 为消除底层焊缝中隐藏的缺陷，在外层焊缝施焊时，应选用较大的电流，并适当控制运条，达到既不产生严重咬边，又能熔化掉底层焊缝中隐藏的缺陷效果。

② 为使焊缝成形美观，当焊接外部第二层焊缝时，仰焊部位运条速度要快，以形成厚度较薄、中部下凹的焊缝，如图 4-27（a）所示；平焊时运条应缓慢，以形成略为肥厚而中间稍有凸起的焊缝，如图 4-27（b）所示；必要时在平焊部位可补焊一道焊缝，如图 4-27（c）所示。以上做法的目的是使整个环形焊缝的高度一致。

③ 当对口间隙不宽时，仰焊部位的起焊点可以选择在焊道中央，如果对口间隙很宽，则应从坡口一侧起焊。从焊道中央起焊时接头方法如下。

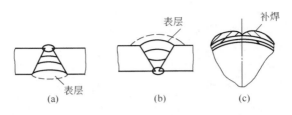

图 4-27　外部第二层焊缝的良好成形

　　a. 起焊。在越过中线 10～15mm 处引弧预热，电弧不宜压短，直线运条，速度稍快。至接头中心处开始横向摆动，如图 4-28 所示。

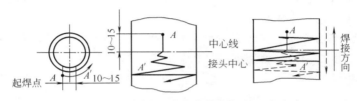

图 4-28　从焊道中央仰焊部位起焊的运条方式

　　b. 接头。管子另一半焊接时，先在如图 4-28A 点的对称部位 A′点引弧预热，电弧稍长，运条稍快，坡口两侧停留时间比焊缝中间停留时间要长。在接头处焊波要较薄，避免形成焊瘤。

　　从坡口一侧起焊时的接头方法，基本与上述相似。因焊点在坡口边上，接头处的焊波是斜交的，如图 4-29 所示。

四、垂直固定管子的焊接

　　垂直固定管子的焊接，其焊缝处于环向水平位置，与钢板的横焊基本相似。在焊接时要求：下坡口能托住熔池，不致使熔化金属流失；防止熔化金属因自重下淌，呈泪珠状，要控制好焊波成形；多层焊时，防止层间未焊透和夹渣。

　　垂直固定管子对口两侧管径不等时，一般应保证沿圆周方向的错口大小均等，绝对避免偏于一侧的错口，如图 4-30 所示。当错口值很大时，就无法焊透，在根部必然产生咬肉缺陷，造成应力集中，导致焊缝根部破裂。

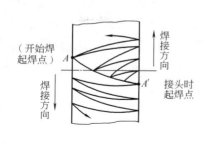

图 4-29　从坡口一侧起焊方法

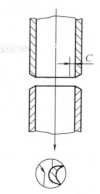

图 4-30　错口接头

（箭头指处为咬肉缺陷）

　　为使焊口对正，管子端面应垂直于管子轴线。在焊接之前，坡口及两侧 10mm 范围内应清除锈污，露出金属光泽。点固焊的焊点修理与钢板横焊时相同，点固焊的部位和焊点数与管子转动焊时相同。

　　根部焊接与横焊的基本操作方法一致。焊接时，焊条的角度和焊接方法详见图 4-31，当焊条回到始焊处接头时，焊条转过相应角度，听到有击穿声后，焊条略加摆动，填满弧坑后收弧。

　　其他各层的焊接与横焊的基本操作方法一致。若单人焊接较大直径管道时，如果沿圆周连续施焊，则变形较大，这时必须采用反向分段跳焊法焊接，如图 4-32 所示。

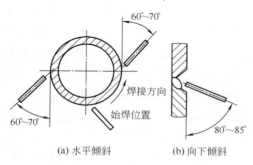

(a) 水平倾斜　　　　(b) 向下倾斜

图 4-31　垂直固定管子焊接时焊条的角度

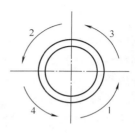

图 4-32　反向分段跳焊法

五、倾斜固定管子的焊接

这种管子的焊接方法是水平固定管子焊接方法和垂直固定管子焊接方法的结合。当管子的倾斜角度大于 45°时主要采用垂直固定管子的焊接方法，如图 4-33（a）所示；当管子的倾斜角度小于 45°时主要采用水平固定管子的焊接方法，如图 4-33（b）所示。

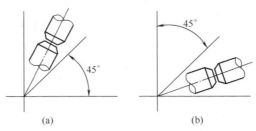

(a)   (b)

图 4-33　管子斜焊方法

对口要求及点固焊与水平固定管子相同。根部施焊，应分两半焊接，由于管子倾斜，熔化金属有从坡口上坠落的趋势，施焊时焊条应偏于垂直位置，如图 4-34 所示，其他与水平固定管子的焊接相同。

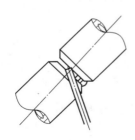

图 4-34　管子斜焊根部
运条方法

其他各层焊接，当管子倾角大于 45°时，分两半焊成，每层焊缝运条方式与根部焊接相似，可进行水平方向的横向摆动；当管子倾角小于 45°时，则可与水平固定管子的焊接一样进行。为了不使熔化金属下坠，焊条在坡口下侧的停留时间比上侧略长。一般在倾斜管子的焊接中，管子的倾斜角度无论大小，在工艺上应一律要求焊波呈水平或接近水平方向，即焊条偏于垂直位置，并在水平线上左右摆动，否则焊缝成形不良。

仰焊及平焊接头可按下述方法施焊。

（1）仰焊接头　起焊点均超过管子半圆的 10～20mm，横向摆动的幅度自仰焊至立焊部位越来越小，在接近平焊处摆幅再次增大，为防止熔化金属偏坠，折线运条方向也需要随之改变，如图

4-35 所示。接头时，从 A' 点起焊，电弧略长，摆幅自 A' 点至 A 点逐渐增大，如图 4-36 所示。

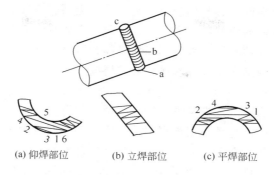

(a) 仰焊部位　　　　(b) 立焊部位　　　　(c) 平焊部位

图 4-35　斜焊焊缝

（2）平焊接头　平焊接头比仰焊接头容易操作，为了防止咬边，应选用较小的焊接电流，焊条在坡口上侧停留时间应略长，如图 4-37 所示。

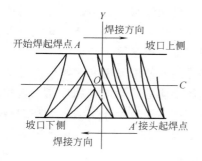

图 4-36　管子斜焊时的仰焊
部位接头方式
（OY 为接头中心；OC 为焊缝中心）

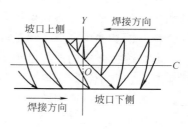

图 4-37　管子斜焊时的平焊
部位接头方式
（OY 为接头中心；OC 为焊缝中心）

第五节　堆　　焊

为增大和恢复焊件尺寸，或使焊件表面获得具有特殊性能的熔敷金属而进行的焊接称为堆焊。堆焊能够增加零件的耐磨、耐热、耐腐蚀等方面的性能，在冶金机械、矿山机构、建筑机械、石油化工机械等方面的制造和维修中得到广泛的应用。堆焊工艺技术主要应用在新零件的制造和旧零件的修复两个方面。

在制造零件时，可采用不同性能的金属材料作为零件的基体和堆焊层。分别满足对零件基体和堆焊层的不同技术要求，充分发挥零件基体和堆焊层的各种性能优势，从而大大提高了零件的使用寿命，同时又大量地减少了贵重的稀有材料的消耗。

将磨损的旧零件采用堆焊工艺修复，一方面节约了制造新零件的材料和费用，在零件表面堆焊上具有特殊性能的熔敷金属后，可获得比原有零件更长的使用寿命。如用轧辊堆焊加工的费用仅是新轧辊的 30%，而其使用寿命可提高 3～5 倍。由此可见，堆焊技术的发展，新的堆焊材料的开发和使用有着广阔的前途。

堆焊熔敷金属的种类很多，有低碳低合金、中碳低合金、高碳高合金，如铬钨、铬钼、热稳定堆焊合金、高铬钼堆焊合金、奥氏体高锰钢和奥氏体铬锰钢堆焊合金、奥氏体镍铬钢堆焊合金、高速钢堆焊合金、马氏体铸铁堆焊合金、高铬铸铁堆焊合金、碳化钨堆焊合金、钴基堆焊合金、镍基堆焊合金、铜基堆焊合金等。

堆焊熔敷金属的选择必须满足零件的使用环境和对零件的特殊性能要求。由于堆焊金属往往与基体金属的化学成分和性能相差甚远，为防止堆焊过程的热应力和组织应力造成堆焊层的开裂甚至剥落，应尽量选择线膨胀系数和相变温度与基体金属相近的堆焊金属。

堆焊过程和熔化焊焊接过程基本相同，几乎所有熔化焊的方法都能进行堆焊。根据零件的大小、形状和批量、堆焊层的厚度、堆焊金属的化学成分及性能，可选用氧-乙炔火焰堆焊、手工电弧焊堆焊、钨极氩弧焊堆焊、埋弧焊堆焊、等离子堆焊、电渣焊堆焊和熔化极气体保护堆焊等。

为保证堆焊质量，应选择合适的堆焊工艺参数和采取必要的工艺措施，如堆焊前表面处理和退火、堆焊前预热和焊后缓冷、小线能量输入堆焊等，以防止堆焊层的裂纹和脱离，减小焊接应力，减少基本金属对堆焊层合金的稀释率及小零件堆焊后的变形。

本节主要介绍手工电弧焊堆焊工艺。

一、手工电弧焊堆焊操作技术

手工电弧焊堆焊操作技术，包括零件表面的清理、焊条的烘干、防止焊接裂纹和变形的措施等。堆焊操作中的焊接规范选择有自身的特点，堆焊时希望母材（零件基体金属）的熔深越浅越好，即尽量采用小电流、低电压，使堆焊金属的稀释率与堆焊合金元素的烧损降到最低限度。堆焊操作技术要点如下。

（1）零件的表面处理与退火 在堆焊前要对待堆焊的零件表面进行脱脂和除锈，并要用机械加工的方法把表面的各种缺陷（如腐蚀的麻坑、孔穴、表面裂纹和剥离层）清除干净。同时，在堆焊前应对零件进行消除应力退火。

（2）堆焊前预热和焊后缓冷 为防止堆焊层产生裂纹和剥离，待堆焊零件常常要进行预热。预热的温度与零件的大小、堆焊的部位、堆焊零件的材质、堆焊金属的淬火倾向有关。但对于不锈钢、高锰钢等塑性好的堆焊材料，一般可不必预热。若堆焊层硬度不太高，或硬度虽高，但堆焊面积不大，以及在堆焊过程中产生的热量可以将整个零件加热的情况下，也可以不预热。

如果零件基体的碳含量较高，为防止堆焊零件的热影响区出现裂纹，焊前应当预热。母材为中、高碳钢或有淬硬倾向低合金钢，预热温度应根据零件的材料和尺寸及堆焊部位刚度的大小等选择，一般为 150～350℃。

为防止产生裂纹和剥离，堆焊后要进行缓冷。缓冷的材料可使用石棉灰、硅酸铝等。对于淬火倾向大的堆焊金属，例如高铬铸铁焊条、碳化钨焊条、钴基焊条等，堆焊后要在 600～700℃回火 1h，再缓冷以防止出现裂纹。对于淬火倾向小的堆焊金属，如 1Cr13、2Cr13 堆焊阀门，焊后为获得较高的硬度，可采用空冷，机械加工后不再进行热处理。

（3）堆焊过渡层 堆焊过渡层的方法又称为打底焊，即先用塑性好、强度不高的普通交流、直流焊条或不锈钢焊条进行打底焊。堆焊一层过渡层，其作用是把堆焊层与零件基体金属隔离开，起到减小应力、防止裂纹和剥离的作用。当堆焊层硬度高、预热有困难时，常采用这种方法。

（4）尽量减少堆焊金属的稀释率　所谓稀释率是指堆焊合金层中含有基体金属的百分率。例如稀释率5%表示堆焊合金层中含有基体金属5%，而含有的堆焊金属材料95%。稀释率越低，则堆焊合金层的成分与堆焊金属材料的成分越接近，受到基体金属的影响就越小，因而堆焊合金层的性能就越符合原设计要求，所以应尽量减少堆焊金属的稀释率。

一般，手工电弧焊堆焊的稀释率最低为15%，其他堆焊方法的稀释率详见表4-2。

表 4-2　几种堆焊方法的稀释率/%

堆焊方法	最低稀释率	堆焊方法	最低稀释率
反极性弱等离子弧堆焊	0.1	串列电弧埋弧堆焊	10
氧-乙炔焰堆焊（填丝或填粉）	1	单带极埋弧堆焊	10
等离子弧双热丝堆焊	1	电渣堆焊	10
等离子弧粉末堆焊	5	熔化极气体保护堆焊	15
带极电渣堆焊	5	多丝埋弧堆焊	15
双带极埋弧堆焊	5	手工电弧堆焊	15
等离子弧熔化极堆焊	8	单丝埋弧堆焊	30
钨极氩弧堆焊	10	粉块碳弧堆焊	45

（5）防止零件堆焊后变形的措施　对细长的轴类零件和直径大的薄壁圆筒形零件表面进行堆焊时，应根据不同的情况灵活应用防止变形的方法。堆焊时应尽可能用较小电流和较细的焊条，并采用层间冷却的方法，以防止堆焊部位局部过热，可以减少变形和防止堆焊层的裂纹或剥落。并用对称焊法以及跳焊法等合理的堆焊顺序，以减少变形，对于要求较高的零件，可以在堆焊过程中设法测量变形，通过改变焊接顺序随时调整。采用夹具或在堆焊件上临时加支撑铁，以增大零件的刚度，采用预先反变形法，以消除堆焊后的变形。

（6）防止堆焊层硬度不符合要求 堆焊层的硬度若不符合焊条说明书上的数值，其原因之一可能是冷却速度不恰当。一般急冷则硬度偏高，慢冷则硬度偏低。原因之二可能是母材成分将会使堆焊层合金成分增高或冲淡，也将影响硬度。一般在堆焊的第一层中堆焊金属的稀释率大，硬度常常偏低。其余各层硬度逐渐提高，在第三层以后硬度基本不再变化。当采用较大的电流密度时，母材熔深大，硬度常常不正常，所以堆焊时，一般不采用过大的焊接电流。

二、阀门密封面的手工电弧堆焊

有些阀门的密封面处于高温高压水蒸气介质中，而且经常动作，易受腐蚀和磨损，需要在阀门的密封面上堆焊一层耐磨、耐腐蚀的金属。堆焊金属的成分随阀门的使用场合不同而异。一般中温、中压阀门，介质温度低于450℃时堆焊高铬钢；高温、高压阀门堆焊高铬合金铸铁（使用温度低于525℃）、铬镍硅合金（使用温度低于600℃）或钴基合金（使用温度低于60℃）。

（1）原堆焊层的清理 由于阀门密封面的堆焊材料，多为硬度高、塑性差的高合金，制备和修复毛坯时，必须把影响堆焊层抗裂性能的金属去除。对于经渗氮处理的高温、高压阀门密封面在修复时，为了避免在堆焊过程中氮化层中的氮元素进入熔池，而使堆焊层产生裂纹，堆焊之前应将修复毛坯的堆焊密封面以及与密封面的堆焊层相接近的 $20\sim25\text{mm}$ 范围内（包括闸板、阀座的外圆处）的渗氮层去除，要使渗氮层彻底清除，必须用机械加工的方法，在工件表面去除 1mm 左右的渗氮层。

制备和修复毛坯时，应将阀座或闸板密封面的外圆车去 1mm 左右，以便根据金属光泽来判断原堆焊层及过渡层是否除净，以确保修复毛坯的密封面之基体表面在原堆焊层的熔合线以下。

修复毛坯的堆焊基体表面如有残留裂纹，即使是微观的都将成为裂纹源，在堆焊或使用过程中扩展成为宏观裂纹。所以，在堆焊之前必须对毛坯进行探伤检查，确认无残留裂纹后，再施焊。

（2）堆焊前预热 阀门密封面的基体材料，一般采用珠光体耐热钢或渗氮强化钢。这些钢种都要求焊前预热、焊后退火或高温回火，从减少热影响区的淬硬组织这一点考虑，在堆焊规格为Dy225、实际口径 ϕ175mm 以下的珠光体耐热钢阀门密封面时，采用 $350\sim450℃$ 的预热温度。对口径大、刚性更大的密封面毛坯，则应适当提高预热温度，并注意保温，层间温度不低于预热温度。

（3）堆焊　由于堆焊金属的化学成分、金相组织、物理性能等方面与阀门密封面基体材料均极不相同，为使焊接时的应力得以缓冲，需要堆焊一层过渡层。堆焊过渡层时，应采用小直径焊条，小电流，以减少稀释率。

阀门堆焊焊条一般为碱性低氢型堆焊焊条，焊前经 $250℃$ 以上烘焙 $1\sim2h$，堆焊时采用直流电源，焊条接正极。若采用钛钙型堆焊焊条时，焊条烘焙温度不应超过 $150℃$，否则将烘损药皮中的有机物，烘焙 $1\sim2h$，可交直流两用。

堆焊时要注意焊件的温度，如焊完一层后，温度过高，则应等冷却到预热温度再焊下一层。堆焊金属不少于 $2\sim3$ 层，若堆焊金属为铬镍硅碱性低氢焊条，堆焊层不得少于 3 层，否则化学成分不均匀，影响使用性能。

堆焊时电流应尽可能小，以减少母材的熔入。为了避免氢气的溶入，宜采用短弧。焊接过程应一气焊完，不得中断。堆焊时每一层要将前一层覆盖均匀，以防堆焊层出现裂缝。每一层的接头应错开。接头时，应尽量缩短间断时间，以保证层间温度。收弧时，必须将熔池铁水徐徐填满，以避免产生弧坑裂纹。

堆焊层（不包括过渡层）高度应控制在 7mm 以下，并且经加工后不得小于 5mm，以免因堆焊层高度不够而造成化学成分不稳定，硬度不均匀，从而影响其使用性能。

（4）堆焊后回火　对于基体为 15CrMo、15Cr1MoV、20CrMo 等钢种，由于基体淬透性较大，焊后进行 $720\sim750℃$ 高温回火，使淬硬组织得到改善，以降低热影响区的硬度。在进行回火时，切记要在堆焊后立即入炉，否则，易引起不良后果。

手工电弧焊堆焊焊条的型号、特性、主要成分和用途详见表4-3。

表 4-3　部分堆焊焊条的简明特性

牌号	型号	药皮类型	硬度 HRC	主要成分 /%	用　途
D102	EDPMn2-03	钛钙型	≥22	C≤0.20 Mn≤3.50	用于堆焊或修复常温下工作的、对硬度要求较低的低、中碳钢及低合金钢磨损零件,如车轴、齿轮、搅拌机叶片等。D112还适于堆焊矿山机械和农业机械等
D106	EDPMn2-16	低氢型			
D107	EDPMn2-15	低氢型			
D112	EDPCrMo-Al-03	钛钙型		C≤0.25,Cr≤2.0,Mo≤1.5,其他≤2.0	
D217A	EDPCrMo-A3-15	低氢型	≥50	C≤0.3,Cr1.8～2.2,Si0.8～1.2,Mo≤1.5,Ni≤1.4	堆焊高强度耐磨零件,如冶金轧辊、矿山破碎机、电铲斗齿等
D227	EDPCrMoV-A2-15	低氢型	≥55	C0.45～0.65,Cr4～5,Mo2～3,V4～5	堆焊承受一定冲击载荷的耐磨零件,抗磨粒磨损零部件
D317	EDRCrMoWV-A3-15		≥50	C0.7～1.0,Cr3～4,Mo3～5,W4.5～6,V1.5～3.0	在高温下能保持足够的硬度和抗疲劳性能。主要用于锻模、冲模、热剪切机、刀刃、轧辊等堆焊,也用于耐磨性要求较高的机械零件和一般刀具的堆焊
D322	EDR CrMoWV-A1-03	钛钙型	≥55	C≤0.5,Cr≤5.0,W7～10,Mo≤2.5,V≤1.0	
D327	EDRCrMoWV-A1-15	低氢型			
D678	EDZ-B1-08	石墨型	≥50	C1.5～2.2,W8～10	堆焊承受磨粒磨损的零件,如矿山机械等
D516M D516MA	EDCrMn-A-16	低氢型	38～48	C≤0.25,Cr12～14,Mn6～8,Si≤1.0	堆焊工作温度在45℃以下的高、中压阀门密封面
D517	EDCr-B-15		≥45	C≤0.25,Cr10～16,其他≤5	堆焊碳钢及低合金钢的轴、搅拌机桨、螺旋送进机叶片等

第六节 碳弧气刨

一、碳弧气刨的原理及应用

（1）碳弧气刨的原理 用碳棒作为电极产生的电弧，具有很高的温度，弧柱中心可达 5000～8000K。这样高的温度会很快把金属加热到熔化状态，甚至变成金属蒸气。这时，只要在液体金属凝固之前把它去掉，就可以达到"刨削"的目的。最简单而易行的去除液体金属的办法，就是用压缩空气流把它吹走。碳弧气刨就是用碳棒或石墨棒作为电极，把电弧熔化金属和压缩空气吹走液体金属这两个过程结合起来（见图 4-38），随着电极的移动，在金属的表面刨出沟槽来的一种加工工艺。碳弧气刨时用短弧操作，压缩空气气流方向与电弧方向一致，这样电弧不断地将金属熔化，气流就不断地将金属吹走。压缩空气流对碳棒电极的吹刷还起到冷却电极的作用，从而减少了碳棒的烧损。

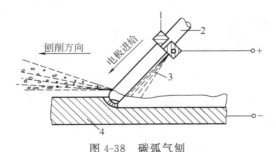

图 4-38 碳弧气刨

1—焊钳；2—电极；3—压缩空气；4—工件

（2）碳弧气刨的应用 目前，碳弧气刨已广泛应用在机械制造、造船、金属结构制造的生产中，适用范围主要包括：

① 用碳弧气刨挑焊根；

② 焊接缺陷返修时，可用碳弧气刨清除缺陷；

③ 利用碳弧气刨开焊接坡口，特别是开 U 形坡口；

④ 清理铸件的毛边、飞刺、浇铸冒口以及铸件中的缺陷；

⑤ 对不锈钢等材料的中薄板进行切割。

采用碳弧气刨挑焊根、刨削坡口与风铲相比可以提高工作效率4倍以上，并且改善了劳动条件，减轻了劳动强度。对封底焊用碳弧气刨挑焊根时，易发现细小缺陷，并可以在窄小空间位置操作，使用灵活方便。而且碳弧气刨还能切割使用氧-乙炔焰难以切割的金属材料（如铜、铝、铸铁、不锈钢、高碳钢等），并且比较安全。但由于碳弧气刨可造成表面渗碳和因加热引起表面金属组织改变，因此，对于不允许渗碳的不锈钢和容易产生淬硬组织的合金钢应慎用。

二、碳弧气刨的设备及工具

1. 碳弧气刨工具

碳弧气刨工具为碳弧气刨枪，对它的要求是导电性良好，压缩空气吹出来集中而准确，电极夹持牢固，更换方便，外壳绝缘良好，质量小，使用方便。

（1）钳式侧面送风气刨枪　如图 4-39 所示。在钳口端部装有喷嘴，喷嘴钻有小孔，如图 4-40（a）所示，压缩空气从小孔喷出，并集中吹在碳棒电弧的后侧。

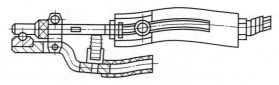

图 4-39　钳式侧面送风气刨枪

其优点是：压缩空气紧贴着碳棒吹出，当碳棒伸出长度在较大范围变化时，始终能吹到熔化的铁水上，使铁水被吹走；同时碳棒前面的金属不受压缩空气的冷却；碳棒伸出长度调节方便，各种直径或扁形碳棒都能使用。而缺点是：只能向单一方向进行气刨，因此在有些使用场合显得不够灵活；另外，大多背面钳口无绝缘，易与工件短路而烧坏。

这种气刨枪也可用电焊钳改装制成，对现有气刨枪也可修改制

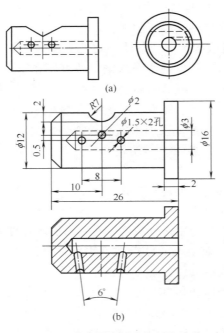

图 4-40　钳式侧面送风气刨枪喷嘴

成两侧送风式。对喷嘴结构适当改进后，使熔渣在刨削过程中更易
吹掉，防止了粘渣，如图 4-40（b）所示。

（2）圆周送风式气刨枪　如图 4-41 所示。在枪体头部有分瓣
弹性夹头（可根据碳棒的不同而调换），圆周方向有若干方形出风
槽，压缩空气由出风槽沿碳棒四周吹出，碳棒冷却均匀。在刨削时
熔渣从刨槽的两侧吹出，刨槽的前端无熔渣堆积，易看清刨削方
向。枪体质量小，使用灵活。

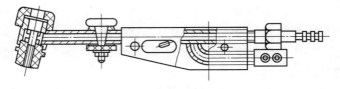

图 4-41　圆周送风式气刨枪

2. 碳棒（电极）

碳弧气刨主要是通过碳棒与工件间的电弧来熔化金属而实现刨削的目的。因此要求碳棒应导电性良好、耐高温、损耗少、电弧稳定、成本低等，一般多采用镀铜实心碳棒。碳弧气刨专用碳棒分为圆形及扁圆形两类，扁形碳棒刨槽较宽，适用于大面积的刨槽或刨平面。目前使用的碳弧气刨专用碳棒的规格及适用电流见表 4-4。

表 4-4　碳弧气刨专用碳棒规格及适用电流

断面形状	规格/mm	适用电流/A	断面形状	规格/mm	适用电流/A
圆形	$\phi3\times355$	150～180	圆形	$\phi16\times355$	400～550
圆形	$\phi3.5\times355$	150～180	扁形	$3\times12\times355$	200～300
圆形	$\phi4\times355$	150～200	扁形	$4\times8\times355$	200～300
圆形	$\phi5\times355$	150～250	扁形	$4\times12\times355$	200～300
圆形	$\phi6\times355$	180～300	扁形	$5\times10\times355$	300～400
圆形	$\phi7\times355$	200～350	扁形	$5\times12\times355$	350～450
圆形	$\phi8\times355$	250～400	扁形	$5\times15\times355$	400～500
圆形	$\phi9\times355$	350～500	扁形	$5\times18\times355$	500～600
圆形	$\phi10\times355$	400～550	扁形	$5\times20\times355$	450～550
圆形	$\phi12\times355$	—	扁形	$5\times25\times355$	—
圆形	$\phi14\times355$	—	扁形	$6\times20\times355$	—

3. 气刨设备

对碳弧气刨采用的设备要求与手工电弧焊相同。为了使碳弧气刨稳定燃烧，应采用具有陡降外特性的直流电弧焊设备。由于碳弧气刨的电流较大，而且连续工作时间较长，所以应选用功率较大的直流弧焊机，例如 AX_1-500、ZXG-500 等。选用硅整流焊机时，应注意防止过载，以保证设备的安全。如焊机的容量不够，可以将焊机进行并联。

三、碳弧气刨的工艺参数

碳弧气刨的工艺参数包括电源极性、碳棒直径、电流、刨削速度、压缩空气压力、电弧长度、碳棒伸出长度、碳棒与工件倾角等。

（1）电源极性　在电弧气刨中，极性的选择视被刨金属材料而定。对于碳钢宜采用直流反接（即工件接负极）。根据普通低碳钢碳弧气刨的试验结果，当碳棒接正极时，熔融金属的流动性较好，凝固点也较低，使刨削工作容易进行，刨槽也较光滑。但由于正极部分温度高于负极部分，碳棒接正极时会使碳极烧损大，熔融金属的碳含量比碳棒接负极时要高得多。

对于低合金钢、不锈钢、铸铁等金属材料，碳弧气刨极性的选用见表 4-5。

表 4-5　碳弧气刨极性的选择

材料	极性	材料	极性	材料	极性
碳钢	反接	不锈钢	反接	铜及其合金	正接
低合金钢	反接	铸铁	正接	铝及其合金	正接

（2）电流与碳棒直径　电流对刨槽的尺寸影响较大。电流大，则槽宽度及深度增加。采用大电流可以提高刨削速度，而且同样也能获得表面较光滑的刨槽。但在返修焊缝时，则宜将电流调得小些，以便发现缺陷，免将焊缝刨去过多。

对于不同直径的碳棒所采用的电流可参见表 4-6，也可根据下面的经验公式计算，即

$$I = (30 \sim 50)d$$

式中　I——电流，A；

d——碳棒直径，mm。

表 4-6　碳棒直径与钢板厚度的关系

钢板厚度	4～6	6～8	8～12	＞10	＞15
碳棒直径	4	5～6	6～7	7～10	10

如果电流选择过小，电弧不稳定，容易产生夹碳现象。选择碳棒的直径应考虑钢板厚度（见表 4-6），并与所要求的刨槽宽度有关，一般碳棒直径应比要求的槽宽小 2～4mm。

（3）刨削速度 刨削速度对刨削尺寸、表面质量都有一定影响。刨削速度太快，使电弧作用于金属的时间缩短，而热量降低，会造成碳棒与金属相碰，使碳粘在刨出的槽上，形成所谓的"夹碳"缺陷。刨削速度增大，刨槽深度随之减少，一般刨削速度取 $0.5\sim1.2m/min$。

（4）压缩空气压力 要使刨削有力，可提高压缩空气压力。碳弧气刨常用的压缩空气压力为 $0.5\sim0.7MPa$。低于 $0.4MPa$ 则不能进行刨削。

当电流大时，熔化金属增加，要求压缩空气的压力和流量都要相应增加。为确保刨槽的质量，在压缩空气中所含水分和油分都应清除，必要时可加过滤装置。

（5）电弧长度 碳弧气刨时，若电弧过长会引起操作不稳定，甚至熄弧。操作时要求尽量保持短弧，这样可以提高生产效率，还可以提高电极的利用率。但电弧太短，容易引起夹碳，一般电弧长度约为 $1\sim3mm$。在气刨过程中，弧长变化应尽量小，以保证刨槽尺寸均匀。

（6）碳棒伸出长度 碳棒从钳口导电嘴到电弧端的长度为碳棒伸出长度。伸出长度大，钳口离电弧就远，压缩空气吹到熔池的风力就不足，不能顺利将熔渣吹走。伸出长度较大，碳棒的烧损也大。但是伸出长度太短会引起操作不方便。一般伸出长度为 $80\sim100mm$ 较为合适。当碳棒烧损 $20\sim30mm$ 时，就需要进行调整。

（7）碳棒与工件倾角 倾角的大小主要影响刨槽的深度。倾角增大、槽深增加。一般常采用 $25°\sim45°$。

四、碳弧气刨的操作技术

① 开始气刨前，要检查电源极性，并根据碳棒直径调节好电流。同时，调节好伸出长度。对于旋转式侧面送风气刨枪，尚需调节好出风口，以对准刨槽。

② 起刨时，应先打开气阀，随后引弧，以免产生夹碳。在垂直位置气刨时，应由上向下移动，这样便于熔渣流出。

③ 碳棒倾角按槽深要求而定，一般可在 $45°$ 左右。

④ 碳棒中心线应与刨槽中心线重合，否则刨槽形状就不对称，如图 4-42 所示。

⑤ 要保持均匀的刨削速度。用圆碳棒刨削时，以发出均匀清脆的"嚓嚓"声表示电弧稳定，能得到表面光滑均匀的刨槽；用扁碳棒刨削 V 形坡口一侧斜平面时，有时也可使电弧断续，使发

(a) 刨槽形状对称　　　(b) 刨槽形状不对称

图 4-42　碳棒与刨槽中心线的位置

出断续的有节奏的声响，这样可避免扁碳棒不规则的烧损，又不影响刨削质量。但电弧断续间隔不宜过长，重新引弧后的电弧长度不变，以免影响刨削质量。

⑥ 刨削结束时，应先断弧，过几秒后关闭气阀。

五、碳弧气刨常见缺陷及其预防措施

（1）夹碳　由于刨削速度太快或碳棒送进过猛，使碳棒头部触及铁水或未熔化的金属上，电弧会因短路而熄灭。当碳棒再往上提起时，因温度很高，使碳棒端部脱落并粘在未熔化的金属上，形成夹碳缺陷。

在夹碳处，电弧不能再引燃，阻碍了碳弧气刨的继续进行。并且在夹碳处还形成一层硬脆的不易清除的碳化铁（Fe_3C），若在焊前对夹碳不清除，在焊后易出现气孔和裂纹。清除方法是在夹碳前端引弧，将夹碳处连根一起刨掉，或用砂轮机磨掉。

（2）粘渣　碳弧气刨时，吹出来的铁水称为"渣"。它的表面是一层氧化铁，内部是碳含量很高的金属。如果渣粘在刨槽的两侧，即所谓粘渣。粘渣的产生主要是由于压缩空气压力小而引起的，但如果刨削速度与电流配合不当，例如电流大而刨削速度太慢，也会粘渣。另外，碳棒与工件间倾角过小也易粘渣，粘渣可以用风铲清除。

（3）刨槽不正和深浅不均　如果碳棒与刨槽的中心线不重合，便会引起刨槽不正。而在气刨时，碳棒上下波动会引起深度不均。

这些现象只要在操作时认真掌握技术要领，是可以消除的。

（4）刨偏　气刨时，由于碳棒偏离预定目标而造成刨偏。碳弧气刨的速度大约比电弧焊快 2～4 倍，故技术不熟练就易刨偏，因而在刨削上，必须注意力集中，借电弧光看目标线。如挑焊根时，应将焊缝反面缝线作为目标线；如刨单边 V 形坡口，则可在坡口宽度处打上扁凿印，以作为目标线。

（5）铜斑　采用表面镀铜的碳棒时，有时因镀铜质量不好使铜皮成块剥落。剥落的铜皮呈熔化状态，在刨槽表面形成铜斑。只要在焊前用钢丝刷或风动砂轮将铜斑清除，就可以避免母材的局部渗铜，若不注意清除铜斑，铜落入焊缝金属的量达到一定数值时，就会导致热裂纹的出现。

六、常用金属材料的碳弧气刨

（1）低碳钢的碳弧气刨　低碳钢用碳弧气刨开坡口或铲焊根后，在刨槽表面有一硬化层，其深度约为 0.54～0.72mm，并随焊接参数的变化而变化，但最深不超过 1mm。这是由于处于高温的表层金属急冷后造成的，而并不是渗碳的缘故。据测量，当母材碳含量为 0.20％～0.24％时，该硬化层碳含量仅为 0.19％～0.22％。可见，对于低碳钢，在正常的操作情况下，并不发生渗碳现象。碳弧气刨后的低碳钢进行焊接不影响焊接质量。

（2）不锈钢的碳弧气刨　不锈钢在碳弧气刨后，经分析，其刨槽表层基本上不出现渗碳现象。但若操作不当，有粘渣渗入焊缝，就会增加焊缝的碳含量，影响不锈钢焊缝的质量。所以，只要严格控制规范和操作工艺，避免产生粘渣，对刨削后不锈钢焊缝质量是没有什么影响的。

对于有抗腐蚀要求的不锈钢焊件，采用碳弧气刨，要用角向砂轮机打磨出新的金属光泽。特别是对于因气刨工艺不当造成刨槽边缘粘渣，更要充分打磨干净，然后才可施焊。不锈钢碳弧气刨工艺与低碳钢气刨基本相同。

（3）其他合金钢的碳弧气刨　合金钢能否使用碳弧气刨，主要取决于钢材本身淬火倾向的大小。如对普通低合金钢中的 16Mn 和

15MnV 钢，可采用与低碳钢气刨时一样的工艺进行加工，不会出什么问题。

对珠光体耐热钢中 12CrMo、12CrMoV 以及 15Cr 等钢材，经预热至 200℃ 左右后，采用碳弧气刨，也未发现问题。对于 15MnVM、18MnMoNb、20MnMo 等低合金高强度钢，在预热的条件下均能正常气刨，预热温度应等于或稍高于焊接时的预热温度。甚至对厚度为 20mm 的 9Mn2V 低温钢产品使用了碳弧气刨，经测试对焊接接头的低温冲击性能影响也不大。

对某些强度等级高、对冷裂纹十分敏感的低合金钢厚板不宜采用碳弧气刨，而应采用氧-乙炔切割割炬来开槽、清根或用风铲挑焊根。

碳弧气刨薄板是指气刨小于 5～6mm 的板。薄板气刨存在的主要问题是烧穿。解决的方法是：采用直径为 3.5mm、4mm 或 5mm 的碳棒，并配合选用偏低的电流，如 ϕ4mm 的碳棒，选用的电流为 90～105A。此外，还应采用较高的气刨速度，气刨枪喷嘴合理，以保证熔渣不会堆积在正前方等。

思 考 题

1. 标出下图所示箱型梁的焊接顺序。

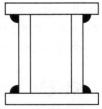

2. 水平固定管子焊接时，从什么位置始焊？到什么位置结尾？
3. 管子固定焊时，为使焊道成形美观，仰焊部位应如何运条？
4. 手工电弧堆焊有什么特点？
5. 碳弧气刨适用于哪些场合？
6. 碳弧气刨常出现什么缺陷？如何预防？

第五章　焊工技能考核与管理

　　焊接产品的质量好坏，除了与结构设计、材料选用、工艺制定、焊接检验等因素密切相关外，还有焊工个人的因素，这是不可忽视的。尤其在当前手工电弧焊仍占有很大比例的情况下，焊接质量在很大程度上，决定于焊工的操作技能水平。即使在机械化、自动化焊接中，焊接设备要靠人来操作，焊接参数也要靠人来运用。因此，焊工的技能是不容忽视的。

　　为了保证焊接结构的质量，各行业的施工规程中，都明确规定了焊接重要结构的焊工必须经过培训考核，取得相应的合格证书后，才能承担产品的焊接工作。

第一节　焊工考试的重要性

　　焊接产品上的每条焊缝，都是由焊工焊出来的，焊接设备、焊接材料也都是由焊工使用的，焊接工艺也是要由焊工来实现的。因此，焊工的责任心、理论水平、操作技能，对产品的焊接质量有着直接的影响。操作技能水平低的焊工所焊的焊缝不仅外观质量差，而且容易造成未熔合、未焊透、气孔、裂纹、夹渣、咬边等缺陷，这些缺陷往往就是焊接结构开裂导致破坏的发源地。因此，国家对焊工考试工作非常重视，相继颁发了有关焊工考试的具体规定和标准。其中有 GB/T 15169—1994《钢熔手工焊资格考试方法》、2002 年 4 月 28 日国家质量监督检验总局重新修订颁布的《锅炉压力容器管道焊工考试规则与管理办法》等标准和法规，还有一些企业焊工考试行业标准。

第二节　锅炉压力容器焊工考试的内容及方法

焊工考试内容包括基本知识和焊接操作技能两部分。基本知识内容应与焊工所从事的焊接工作范围相适应，焊接操作技能考试分为手工和机械两类。

1. 基本知识考试内容

基本知识考试包括以下内容：

① 焊接安全知识及规定；

② 锅炉、压力容器和压力管道基本知识；

③ 金属材料分类、牌号、化学成分、力学性能、焊接特点和焊后热处理；

④ 焊接材料（焊条、焊丝、焊剂和气体等）类型、型号、牌号、使用和保管；

⑤ 焊接设备、工具和测量仪表的种类、名称、使用和维护；

⑥ 常用焊接方法的特点、焊接工艺参数、焊接顺序、操作方法及其对质量的影响；

⑦ 焊缝形式、接头形式、坡口形式、焊缝代号及图样识别；

⑧ 焊接接头的性能及其影响因素；焊接缺陷的产生原因、危害、预防方法和返修；

⑨ 焊缝外观检查方法和要求、无损探伤方法特点、适用范围、级别、标志和缺陷识别；

⑩ 焊接应力和变形的产生原因和防止方法；

⑪ 焊接质量管理体系、规章制度、工艺文件、工艺纪律、焊接工艺评定、焊工考试和管理基本知识。

2. 焊接操作技能考试

焊接操作技能考试应从焊接方法、试样材料、焊接材料及试件形式等方面进行考核。

焊接方法及代号见表 5-1。焊条类型、代号及适用范围见表 5-2；试件钢号分类及代号见表 5-3；试件形式、位置及代号见表

5-4；焊接要素及代号见表 5-5。

表 5-1　焊接方法及代号

焊 接 方 法	代　　号	焊 接 方 法	代　　号
手工电弧焊	SMAW	埋弧焊	SAW
气焊	OFW	电渣焊	ESW
钨极气体保护焊	GTAW	摩擦焊	FRW
熔化极气体保护焊	GMAW（含药芯焊丝电弧焊 FCAM）	螺柱焊	SW

表 5-2　焊条类型、代号及适用范围

焊条类型	焊条类别代号	相　应　型　号	适用焊件的焊条范围	相应标准
钛钙型	F1	E××03	F1	GB/T 5117、GB/T 5118、GB 983（奥氏体双相不锈钢）
纤维素型	F2	E××10、E××11、E××10-X、E××11-X	F1、F2	
钛型、钛钙型	F3	E×××(X)-16、E×××(X)-17	F1、F3	
碱性、低氢型	F01	E××15、E××16、E××18、E××48 E××(X)-15、E××(X)-16、E××(X)-17	F1、F3、F3J	
钛型、钛钙型	F4	E××(X)-16、E××(X)-17	F4	GB 983（奥氏体双相不锈钢）
碱性	F4J	E××(X)-15、E××(X)-16、E××(X)-17	F4、F4J	

表 5-3　试件钢号分类及代号

类　　别	代号	典型钢号示例				
低碳钢	I	Q195 Q215 Q235	10 15 20 25 20R 20g 20G 22g	HP245 HP265	L175 L265	S205

类　别	代号	典型钢号示例			
低合金钢	Ⅱ	HP295　L245　12Mng HP325　L290　16Mn HP345　L320　16Mng HP365　L360　16MnR 　　　　L415　15MnNbR 　　　　L450　15MnV 　　　　L485　15MnVR 　　　　L555　20MnMo 　　　　S240　10MnWVN 　　　　S290　13MnNiMoNbR 　　　　S315　20MnMoNb 　　　　S360　07MnCrMoVR 　　　　S385 　　　　S415 　　　　S450 　　　　S480	12CrMo 12CrMoG 15CrMo 15CrMoR 15CrMoG 14Cr1Mo 14Cr1MoR 12Cr1MoV 12Cr1MoVGn 12Cr2Mo 12Cr2Mo1 12Cr2Mo1R 12Cr2MoG 12Cr2MoWVTiB 12Cr3MoVSiTiB	09MnD 09MnNiD 09MnNiDR 16MnD 16MnDR 15MnNiDR 20MnMoDR 07MnNiCrMoVDR 08MnNiCrMoVD 10Ni3MoVD	
马氏体钢、铁素体不锈钢	Ⅲ	1Cr5Mo　　　0Cr13　　　1Cr13　　　1Cr17　　　1Cr9Mo1			
奥氏体不锈钢、双相不锈钢	Ⅳ	0Cr19Ni9 0Cr18Ni9Ti 0Cr18Ni11Ti 00Cr18Ni10 00Cr19Ni11	0Cr18Ni12Mo2Ti 00Cr17Ni14Mo2 0Cr18Ni12Mo3Ti 00Cr19Ni13Mo3 0Cr19Ni13Mo3	0Cr13Ni23 0Cr25Ni20 00Cr18Ni5Mo3Si2 1Cr19Ni9 1Cr19Ni11Ti 1Cr23Ni18	

表 5-4　试件形式、位置及代号

试件形式	试件位置		代　号
板材对接焊缝试件	平焊		1G
	横焊		2G
	立焊		3G
	仰焊		4G
管材对接焊缝试件	水平转动		1G
	垂直固定		2G
	水平固定	向上焊	5G
		向下焊	5GX
	45°固定	向上焊	6G
		向下焊	6GX

试 件 形 式	试 件 位 置	代 号
管板角接头试件	水平转动	2FRG
	垂直固定平焊	2FG
	垂直固定仰焊	4FG
	水平固定	5FG
	45°固定	6FG
螺柱焊	平焊	1S
	横焊	2S
	仰焊	4S

表 5-5　焊接要素及代号

焊 接 要 素		要 素 代 号
手工钨极气体保护焊	无	01
	实芯	02
	药芯	03
机械化焊	钨极气体保护焊自动保护系统　有	04
	钨极气体保护焊自动保护系统　无	05
	自动跟踪系统　有	06
	自动跟踪系统　无	07
	每面坡口内焊缝　单道	08
	每面坡口内焊缝　多道	09

　　焊工技能考试合格的焊工，当试件钢号或材料变化时，属于下列情况之一的，不需要重新进行焊接操作技能考试：

　　① 手工焊焊工采用某类钢材、经焊接操作技能考试合格后，焊接该类别其他钢号时；

　　② 手工焊焊工采用某类别任一钢号，经焊接操作技能考试合格后，焊接该类别钢号与类别代号较低钢号所组成的异种钢焊接接头时；

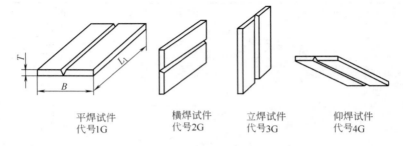

平焊试件　　　横焊试件　　　立焊试件　　　仰焊试件
代号1G　　　　代号2G　　　　代号3G　　　　代号4G

(a) 板材对接焊缝试件(无坡口时为堆焊试件)

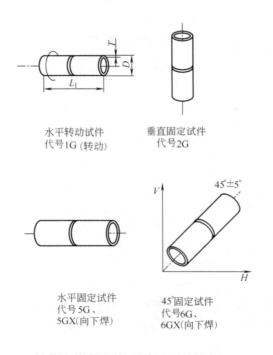

水平转动试件　　　垂直固定试件
代号1G (转动)　　　代号2G

水平固定试件　　　45°固定试件
代号5G、　　　　　代号6G、
5GX(向下焊)　　　6GX(向下焊)

(b) 管材对接焊缝试件(无坡口时为堆焊试件)

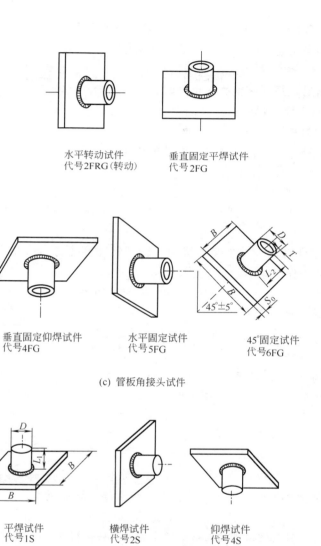

水平转动试件
代号2FRG(转动)

垂直固定平焊试件
代号2FG

垂直固定仰焊试件
代号4FG

水平固定试件
代号5FG

45°固定试件
代号6FG

(c) 管板角接头试件

平焊试件
代号1S

横焊试件
代号2S

仰焊试件
代号4S

(d) 螺柱焊试件

图 5-1　焊工考试试件形式

③ 除Ⅳ类外，手工焊焊工采用某类别任一钢号，经焊接操作技能考试合格后，焊接较低类别钢号时；

④ 焊机操作工，采用某类别任一钢号，经焊接操作技能考试合格后，焊接其他类别钢号时；

⑤ 变更焊丝钢号（或型号）、药芯焊丝类别、焊剂型号、保护气种类和钨极种类时。

经焊接操作技能考试合格的焊工，属下列情况之一的，需重新进行焊接操作技能考试：

① 改变焊接方法；

② 在同一种焊接方法中，手工焊考试合格后，从事机械化焊操作时；

③ 在同一种焊接方法中，机械化焊操作考试合格后，从事手工焊工作时；

④ 表 5-5 中，焊接要素（代号）01、02、03、04、06、08、09 之一改变时；

⑤ 焊件焊接位置超出表 5-4 规定范围时。

焊接操作技能考试可以由一名焊工在同一个试件上，采用同一焊接方法进行，也可以由一名焊工在同一个试件上，采用不同焊接方法进行组合考试。或由两名焊工在同一试件上，采用相同或不相同焊接方法，进行组合考试。由三名以上（含三名）焊工的组合考试试件，厚度不得小于 20mm。

3. 考试试件

（1）试件形式　各种试件形式如图 5-1 所示。主要包括对接焊缝试件、管板角接头试件、螺柱焊试件和堆焊试件。

管板角接头试件接头形式见图 5-2。

对接焊缝试件和管板角接头试件，分带衬垫和不带衬垫两种。双面焊、部分焊透的对接焊缝和部分焊透的管板角接头，均视为带衬垫。

（2）试件规格　考试试件的尺寸和数量见表 5-6。其中，堆焊试件首层至少堆焊三条并列焊道，总宽度≥38mm；管材试件最小外径应满足取样数量要求。

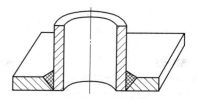

图 5-2 管板角接头试件接头形式

表 5-6 试件的尺寸和数量

试件类别	试件形式		试件尺寸/mm						试件数量/个
			L_1	L_2	B	T	D	S_0	
对接焊缝试件	板	手工焊	≥300	—	≥200	任意厚度	—	—	1
		机械化焊	≥400		≥240				
	管	手工焊、机械化焊	≥200	—	—		＜25	—	3
		手工向下焊					25≤D＜76		3
							≥76		1
管板角接头试件	管与板		—	手工焊≥75，机械化焊≤5+100	≥D		＜76	≥T	1
							≥76		2
堆焊试件	板		≥250	—	≥150				1
	管		≥200						
螺柱试件	板与柱		8～10	—	≥50	—			5

（3）试件适用范围

① 手工焊焊工采用对接焊缝试件，经焊接操作技能考试合格后，适用于焊件焊缝金属厚度范围见表 5-7。

表 5-7 手工焊对接焊缝试件焊缝金属厚度范围

焊缝形式	试件母材厚度/mm	适用于焊件/mm 焊缝金属厚度	
		最小值	最大值
对接焊缝	＜12	不限	$2t$
	≥12	不限	不限（注）

注：t 不得小于 2mm，且焊缝不得少于 3 层。t 为每名焊工、每种焊接方法在试件上的对接焊缝金属厚度（余高不计）；当某焊工用一种焊接方法考试且试件截面全焊透时，t 与试件母材厚度 T 相等。

② 手工焊焊工用管材对接焊缝试件，经焊接操作技能考试合格后，适用于管材对接焊件外径范围见表 5-8。适用于管板角接头焊件范围见表 5-9。

表 5-8　手工焊管材对接焊缝试件适用于对接焊缝焊件外径范围

管材试件外径 D/mm	适用于管材焊件外径范围/mm	
	最小值	最大值
＜25	D	不限
25≤D＜76	25	不限
≥76	76	不限
≥300①	76	不限

① 管材向下焊试件。

表 5-9　手工焊管板角接头试件适用于管板角接头焊件范围

管板角接头试件管外径 D/mm	适用焊件范围/mm				
	管外径		管壁厚度	管件焊缝金属厚度	
	最小值	最大值		最小值	最大值
＜25	D	不限	不限	不限	当 S_0＜12 时，$2t$；当 S_0≥12 时，不限
25≤D＜76	25	不限	不限		
≥76	76	不限	不限		

注：当 S_0≥12 时，t 应不小于 2mm，且焊缝不少于 3 层。

③ 焊机操作工采用对接焊缝试件或管板角接头试件考试时，适用于焊件厚度 T 或 S_0 自定。经焊接操作技能考试合格后，适用于焊件焊缝金属厚度不限。

④ 焊机操作工采用管材对接焊缝试件和管板角接头试件考试时，管外径自定。经焊接操作技能考试合格后，适用于管材对接焊缝焊件外径和管板角接头焊件管外径的最大值不限。

⑤ 气焊焊工焊接操作技能考试合格后，适用于焊件母材厚度及焊缝金属厚度，不大于材料及焊缝金属厚度。

⑥ 手工焊焊工和焊机操作工，采用不带衬垫对接焊缝试件和管板角接头试件，经焊接操作技能考试合格后，分别适用于带衬垫对接焊缝和管板接头焊件，反之不适用。

⑦ 手工焊焊工和焊机操作工，采用对接焊缝和管板接头焊件，经焊接操作技能考试合格后，除规定需要重新考试时，适用于焊件角焊缝，且母材厚度和外径不限。

⑧ 焊机操作工采用螺柱焊试件，经仰焊位置考试合格后，只适用于相应位置焊件，如图 5-3 所示。

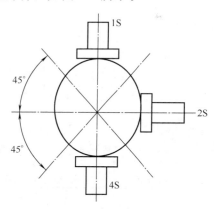

图 5-3　螺柱焊焊件焊接位置范围示意

⑨ 耐腐蚀堆焊试件，各种焊接方法的焊接操作技能考试规定，也适用于耐腐蚀堆焊。手工焊焊工和焊机操作工采用堆焊试件考试合格后，适用于焊件的堆焊层厚度不限，适用于焊件母材厚度范围见表 5-10。

表 5-10　堆焊试件适用于焊件母材厚度范围

堆焊试件母材厚度 T/mm	适用于堆焊焊件母材厚度范围/mm	
	最小值	最大值
＜25	T	不限
≥25	25	不限

焊接不锈钢复合板的覆层之间焊缝及过渡层焊缝的焊工，应取得耐腐蚀堆焊资格。

⑩ 手工焊焊工和焊机操作工，采用对接焊缝试件和管板角接头试件，经焊接操作技能考试合格后，适用于焊件的焊接位置，见

157

表 5-11。

表 5-11　试件适用于焊件焊接位置

试件		适用焊件范围			
		对接焊缝位置		角焊缝位置	管板角接头焊件位置
形式	代号	板材和外径大于600mm的管材	外径≤500mm的管材		
板材对接焊缝	1G	平	平①	平	—
	2G	平、横	平、横①	平、横	
	3G	平、立	平①	平、横、立	
	4G	平、仰	平①	平、横、仰	
管材对接焊缝	1G	平	平	平	
	2G	平、横	平、横	平、横	
	5G	平、横、仰	平、横、仰	平、横、仰	
	5GX	平、立向下、仰	平、立向下、仰	平、立向下、仰	
	6G	平、横、立、仰	平、横、立、仰	平、横、立、仰	
	6GX	平、立向下、横、仰	平、立向下、横、仰	平、立向下、横、仰	
管板角接头	2FG	—	—	平、横	2FG
	22FRG			平、横	2FRG、2FG
	4FG			平、横、仰	4FG、2FG
	5FG			平、横、立、仰	5FG、2FRG、2FG
	6FG			平、横、立、仰	所有位置

① 板材对接焊缝试件考试合格后，适用管材对接焊缝试件时，管外径应≥76mm。

注：表中"立"表示向上立焊；向下立焊表示为立向下。

　　手工焊焊工向下立焊试件考试合格后，不能免考向上立焊；反之，也不可。摩擦焊焊接操作技能考试合格后，其形式应与任一通过焊接工艺评定的试件或焊件相同。螺柱焊焊接操作技能考试时，应采用机械化焊接（手工引弧除外）。

　　试件坡口形式及尺寸应按焊接工艺规定制备，或由焊工考试委员会按相应国家标准或行业标准制备。

第三节　焊工考试的具体要求

　　① 手工焊焊工所有考试试件，第一层焊道中，至少应有一个

158

停弧再焊接头；焊机操作工考试时，中间不得停弧。

②　采用不带衬垫试件进行焊接技能考试时，必须从单面焊接。

③　机械化焊接考试时，允许加引弧板和引出板。

④　表 5-3 第Ⅰ类钢号的试件，除管材对接焊缝试件和管板角接头试件的第一道焊缝，在换焊条时允许修磨接头部位外，其他焊道不允许修磨和返修；第Ⅱ、Ⅳ类钢号试件除第一层和中间层焊道在换焊条时，允许修磨接头部位外其他焊道不允许修磨和返修。

⑤　焊接操作技能考试时，试件的焊接位置不得改变。管材对接焊缝和管板角接头 45°固定试件，管轴线与水平面间的夹角应为 45°±5°，见图 5-1。

⑥　水平固定试件和 45°固定试件，应在试件上标注焊接位置的钟点标记。定位焊缝不得在"6 点"标记处；焊工进行管材试件操作技能考试时，应严格按照钟点标记。固定焊件位置且只能从"12 点"标记处起弧，"6 点"标记处收弧，其他操作应符合本条相关要求。

⑦　手工焊焊工考试板试件厚度大于 10mm 时，不允许用焊接卡具或其他办法将板材刚性固定。

⑧　焊工应按评定合格的焊接工艺规程焊接考试试件。

⑨　考试用试件的坡口表面及两侧，必须清除干净；焊条和焊剂必须按规定要求烘干，焊丝必须去除油、锈。

⑩　焊接操作技能考试前，由焊工考试委员会成员、监考人员与焊工共同在场确认的情况下，在试件上标注焊工考试代号和考试项目代号。

⑪　试件数量应符合表 5-6 要求，且不得多焊试件，从中挑选。

第四节　考试结果与评定

焊工基础知识考试满分为 100 分，以不低于 70 分为合格。

焊工操作技能考试，通过试件检验进行评定。各项检验均合格时为该项目合格。试件的检验项目、检查数量和试样数量列于表

5-12。试件必须进行外观检查合格后，才能进行其他项目的检验。

表 5-12　试件检验项目、检查数量和试样数量

试件类别	试件形式		试件厚度或管径/mm		检 验 项 目						
			厚度	管外径	外观检查/件	射线透视/件	断口检验	弯曲试验/个			金相检验/个
								面弯	背弯	侧弯	
对接焊缝试件	板		<12	—	1	—	—	1	1	—	—
			≥12	—	1	1	—	—	—	2	—
	管		—	<76	3	—	2	1	1	—	—
			—	≥76	1	1	—	1	1	—	—
	管向下焊		<12	≥300	1	—	1	1	1	—	—
			≥12		1	1	—	—	—	2	—
管板角接头试件	管与板		—	<76	2	—	—	—	—	—	任一试件取3个检验面
				≥76	1	—	—	—	—	—	3
堆焊试件	板与管		—	—	1	1(渗透)	—	—	—	2	—
螺柱试件	板与柱				5	—	—	—	—	5(折弯)	

注：当试件厚度大于或等于10mm时，可以用两个侧弯试样代替面弯或背弯。

1. 试件外观检查要求

试件的外观检查，采用目测或5倍放大镜进行。手工焊的板试件两端各20mm内的缺陷不计，焊缝的余高和宽度，可用检测尺测量最大值和最小值，但不取平均值，单面焊的背面和焊缝宽度可不测定。试件的焊缝外观检查应符合以下要求。

① 焊缝表面应是焊后的原始状态，焊缝表面没有修磨或返修。焊缝外形尺寸应符合表5-13和以下规定。

表 5-13　试件焊缝外形尺寸

焊接方法	焊缝余高/mm		焊缝余高差/mm		焊缝宽度/mm		焊缝高度差/mm	
	平焊	其他位置	平焊	其他位置	比坡口每边增宽	宽度差	平焊	其他位置
手工焊	0～3	0～4	≤2	≤3	0.5～1.2	≤3	—	—

焊接方法	焊缝余高/mm		焊缝余高差/mm		焊缝宽度/mm		焊缝高度差/mm	
	平焊	其他位置	平焊	其他位置	比坡口每边增宽	宽度差	平焊	其他位置
机械化焊	0～3	0～3	≤2	≤2	2～4	≤2	—	—
堆焊	—	—	—	—	—	—	≤1.5	≤1.5

注：除电渣焊、摩擦焊、螺柱焊外，厚度大于或等于20mm的埋弧焊试件外，余高可为1～4mm。

a. 焊缝边缘直线度 f：手工焊 $f \leqslant 2mm$；机械化焊 $f \leqslant 3mm$。

b. 管板角接头试件的角焊缝中，焊缝凹度和凸度，应不大于1.5mm。

c. 不带衬垫的板试件、管板角接头试件和外径不小于76mm的管材试件背面焊缝余高，应不小于3mm。

d. 外径小于76mm的管材对接焊缝试件，进行通球检查。管外径大于或等于32mm时，通球直径为管内径的85%；管外径小于32mm时，通球直径为管内径的75%。

各种焊缝表面不得有裂纹、未熔合、夹渣、气孔、焊瘤和未焊透；机械化焊的焊缝表面不得有咬边和凹坑。

堆焊相邻焊道之间的凹下量不得大于1.5mm。

手工焊焊缝表面的咬边和背面凹坑，不得超过表5-14中的规定。

表 5-14　试件焊缝表面缺陷规定

缺　陷　名　称	允许的最大尺寸
咬边	深度≤0.5mm；焊缝两侧咬边总长度不得超过焊缝总长度的10%
背面凹坑	当 $T \leqslant 5mm$ 时，深度≤25%T，且≤1mm；当 $T > 5mm$ 时，深度≤20%T，且≤2mm；除仰焊位置的板材试件不作规定外，总长度不超过焊缝长度的10%

② 板材试件焊后变形角度 $\theta \leqslant 3°$，试件的错边量不得大于 $10\%T$，且 $\leqslant 2mm$，如图 5-4 所示。

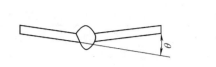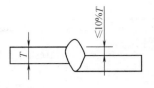

图 5-4　板材试件的变形角度和错边量示意

2. 试件的无损检测

试件的射线透照应按 JB 4730《压力容器无损检测》标准规定进行检验，射线透照质量不得低于 AB 级，焊缝缺陷等级不低于Ⅱ级为合格。

堆焊试件表面，应按 JB 4730《压力容器无损检测》标准规定，进行渗透方法检验。缺陷评定等级不应低于Ⅱ级。

3. 试件的物理性能检验

① 管板对接焊缝试件的断口检验，应采用冷加工方法，在其焊缝中心加工一条沟槽，断面的形状和尺寸如图 5-5 所示。然后将试件压断或折断，检验断口缺陷。

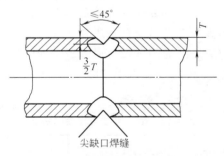

图 5-5　断口检验试样沟槽断面的形状和尺寸示意

试件的断口检验有如下要求：

a. 断面上没有裂纹和未熔合；

b. 背面凹坑深度不大于 $25\%T$，且不大于 1mm；

c. 单个气孔沿径向长度不大于 $30\%T$，且不大于 1.5mm；沿轴向或周向长度不大于 2mm；

d. 单个夹渣沿径向长度不大于 $25\%T$，沿轴向或周向长度不

大于 $30\%T$；

e. 在任何 10mm 焊缝长度内，气孔和夹渣不得多于 3 个；

f. 沿圆周方向 $10T$ 范围内，气孔和夹渣的累计长度不大于 T；

g. 沿壁厚方向同一直线上，各种缺陷总长度不大于 $30\%T$，且不大于 1.5mm。

② 弯曲试验。弯曲试验应按照本规定和 GB/T 232《金属材料弯曲试验方法》中的规定进行。

a. 板材试件应按图 5-6 的位置截取弯曲试样；管材试件（包括堆焊试件）应按图 5-7 的位置截取弯曲试样。

b. 对接焊缝试样的形式和尺寸如图 5-8 所示；堆焊侧弯试样尺寸可参照图 5-8 中（c），试样宽度至少包括堆焊层全部、熔合线

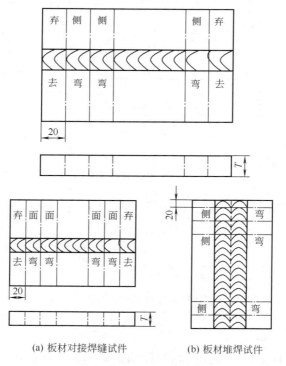

(a) 板材对接焊缝试件   (b) 板材堆焊试件

图 5-6　板材试件弯曲试样的截取位置

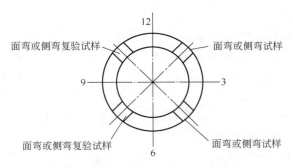

图 5-7　管材试件弯曲试样截取位置示意

$$S_t \approx T$$

(a) 板材试样的面弯和背弯试样

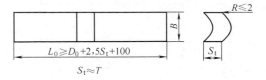

$$S_t \approx T$$

$$B = S_1 + D/20, 且 10\text{mm} \leqslant B \leqslant 38\text{mm}; S_1 = T$$

(b) 管材试样的面弯和背弯试样

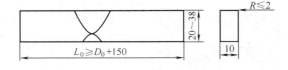

(c) 侧弯试样

图 5-8　对接接头弯曲试样的形式和尺寸示意

D_0—弯轴直径；R—管子厚度；B—试样宽度；L_0—试样长度

和基层热影响区。

　　c. 试样上的余高及焊缝背面的多余部分应用机械法去除。面弯和背弯试样的拉伸面应平齐，且保留焊缝两侧中至少一侧的母材原始表面。

d. 对接焊缝试件的试样弯曲到表 5-15 规定的角度后，其拉伸面不得有任一单条长度大于 3mm 的裂纹或缺陷，试样的棱角开裂不计，但确因焊接缺陷引起的试样棱角开裂的长度应进行评定；堆焊试件弯曲试样拉伸表面的堆焊层，不得有任一单条长度大于 1.5mm 的裂纹或缺陷，在熔合线上不得有任一单条长度大于 3mm 的裂纹或缺陷。

表 5-15　弯曲试验规定

项　目	钢　　种	弯轴直径 D_0	支座间距	弯曲角度
带衬垫	碳素钢、奥氏体钢和双相不锈钢			180°
	其他低合金钢、合金钢	$3S_1$	$5.2S_1$	100°
不带衬垫	碳素钢、奥氏体钢和双相不锈钢			90°
	其他低合金钢、合金钢			50°

注：摩擦焊、堆焊时，$D_0 = 4S_1$，支座间距离为 $6S_1$，弯曲角度 180°。

试件的两个弯曲试样试验结果合格时，弯曲试验为合格。两个试样均不合格时，不允许复验，弯曲试验为不合格；若其中一个试样不合格，允许从原试件上另取一个试样进行复验，复验合格，弯曲试验为合格。

③ 金相试验。管板角接头试件，应按图 5-9 的规定位置，截取金相试样，采用目测或 5 倍放大镜，进行宏观检查。

每个试样检查面，经宏观检查应符合以下要求：

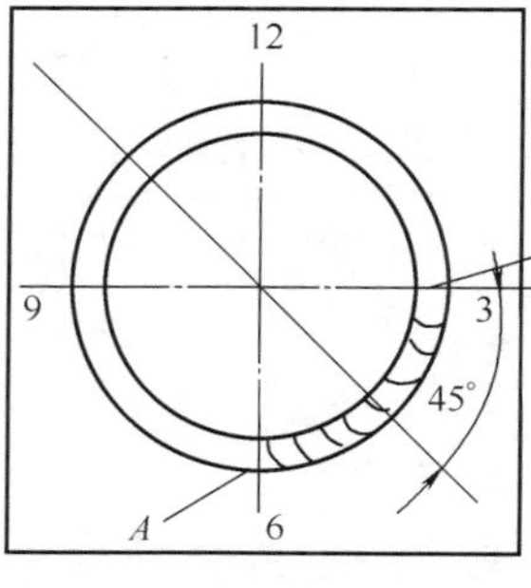

　　a. 没有裂纹和未熔合；

　　b. 焊缝根部应焊透；

　　c. 气孔和夹渣的最大尺寸不得超过 0.5mm；当气孔和夹渣大

图 5-9　管板角接头试件金相
试样的截取位置示意

注：A 面为金相试样检查面

于 0.5mm，不大于 1.5mm 时，其数量不得多于一个；当只有小于或等于 0.5mm 的气孔夹渣时，其数量不得多于三个。

4. 螺柱焊的检验。

对螺柱焊试件检验时，应对每个螺柱试件所采用的以下任一种方法，其焊缝和热影响区在锤击或弯曲后，没有开裂为合格。

① 锤击螺柱上部，使 3/4 螺柱长度贴在试件板上；

② 如图 5-10 所示，用套管使螺柱弯曲不小于 45°，然后恢复原位。

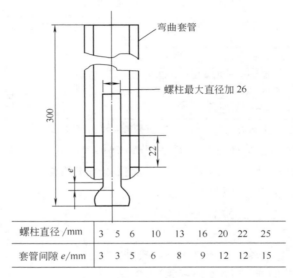

螺柱直径 /mm	3	5	6	10	13	16	20	22	25
套管间隙 e/mm	3	3	5	6	8	9	12	12	15

图 5-10　螺柱焊弯曲试验方法简图

5. 补考

焊工焊接操作技能考试不合格者，允许在 3 个月内补考一次。每个补考项目的试件数量仍按表 5-12 中的规定；试件项目、检查数量和试样数量也按表 5-12 的规定。其中，弯曲试样，无论一个或两个试样不合格时，均不允许复验，本次考试为不合格。

第五节 持证焊工管理

经基本知识考试和操作技能考试的焊工，由焊工考试委员会填写《焊工考试基本情况表》（见表 5-16）和《焊工操作技能考试检验记录表》（见表 5-17），报考试委员会所在地的地（市）级技术监督机构备案，经审核后签发焊工合格证。

表 5-16 焊工考试基本情况表

姓名		性别		身份证号码		
文化程度					初考　重考　补考	
首次取证时间				考试性质	重考原因：	
焊工钢印						
基本知识考试日期			考试编号		考试成绩	
焊接操作技能考试	考试日期		考试工位		考试工艺规程编号	
	考试项目代号					
	焊接设备及仪表		正常　□不正常　□不正常内容			
	试件材料		合格　□不合格　□不合格内容			
	焊材及烘干		合格　□不合格　□不合格内容			
	试件加工及尺寸		合格　□不合格　□不合格内容			
	检测人员资质		合格　□不合格　□不合格内容			
	焊工施焊要求		符合　□不符合　□不符合内容			
	考场纪律		遵守　□不遵守　□不遵守内容			
	监考人员姓名					

××省(自治区、直辖市)焊工考试监督管理委员会成员：

年　　月　　日

表 5-17 焊工操作技能考试检验记录表

姓名			试件编号	
焊接方法		机械操作□　手工焊工□		
考试工艺规程编号		母材钢号		
试件板材厚度		试件管材外径和壁厚		
螺柱直径		焊材名称及型号		

考试项目代号	

试件外观检查

焊缝表面状况	焊缝余高	焊缝余高差	比坡口每边增宽	宽度差	焊缝边缘直线度
背面焊缝余高	裂纹	未熔合	夹渣	咬边	未焊透
背面凹坑	气孔	焊瘤	变形角度	错边量	通球检验

无 损 检 测

射线透照质量等级	焊缝缺陷等级	报告编号及日期	结果
渗透检测方法	渗透检测结果	报告编号及日期	结果
无损检测人员		无损检测人员证书号	

弯 曲 试 验

面弯	背弯	侧弯	报告编号及日期	结果
检查员				

断口检验

检验结果	报告编号及日期	结果
	检查员：	

螺柱折弯试验

折弯方法	检验结果					报告编号及日期	结果
	试件 1	试件 2	试件 3	试件 4	试件 5		
						检查员：	

　　本焊工考试委员会确认该焊工按《锅炉压力容器管道焊工考试规则》进行焊接操作技能考试和检验,数据正确,记录无误。

　　该项目焊接操作技能考试结果评为(合格、不合格)。

　　主任委员： 　　　　　　　　　　　　　年 　　月 　　日

持证焊工可承担与考试项目相应的锅炉、压力容器、压力管道及其他钢结构的焊接工作。

1. 焊工考试项目表示方法

（1）手工焊焊工考试项目表示方法为①-②-③-④/⑤-⑥-⑦，其中数字意义如下。

① 焊接方法代号，见表5-1。耐腐蚀堆焊代号加（N及试件母材厚度）。

② 试件钢号分类及代号，见表5-3。有色金属材料按相应标准规定的代号，异种钢号可用×/×表示。

③ 试件形式、位置及代号，见表5-4，衬垫代号加（K）。

④ 试件焊缝金属厚度。

⑤ 试件外径。

⑥ 焊条类型、代号及适用范围代号见表5-2。

⑦ 焊接要素及代号见表5-5。

考试项目中不出现的项目不填。

（2）焊机操作工考试项目表示方法为①-②-③，其中数字意义如下。

① 焊接方法代号，见表5-1。耐腐蚀堆焊代号加（N及试件母材厚度）。

② 试件形式、位置及代号，见表5-4，衬垫代号加（K）。

③ 焊接要素及代号见表5-5，存在两种以上要素时，可用"/"分开。

考试项目中不出现的项目不填。

（3）项目代号的应用举例。

［例1］ 厚度为12mm的16MnR钢板，对接焊缝平焊试件，带衬垫，使用J507焊条手工焊接，试件全焊透，项目代号为：SMAW-Ⅱ-ⅠG（K）-12F3J。

［例2］ 壁厚8mm、外径60mm 20g钢管对接焊缝，水平固定试件，背面不加衬垫，用钨极氩弧焊打底，填充金属是实芯焊丝，焊缝金属厚度3mm，然后采用J427焊条，手工焊填满坡口，其项

目代号为：GIAW-Ⅰ-5G-3/60-02 和 SMAW-Ⅰ-5G-5/60-F3J。

[例3] 厚度为 10mm 的 16MnR 钢板，立焊试件无衬垫，采用半自动 CO_2 气体保护焊，填充金属为药芯焊丝，试件全焊透，其项目代号为：GMAW-Ⅱ-3G-10。

[例4] 管材对接焊缝，无衬垫水平固定试件，壁厚 8mm，外径 70mm，钢号 16Mn，采用自动熔化极气体保护焊，使用实芯焊丝，在自动跟踪条件下进行多道焊，全焊透，项目代号为：GMAW-5G-06/09。

[例5] 壁厚 10mm、外径 86mm 的 16Mn 钢管垂直固定试件，使用 A321 焊条手工堆焊。其项目代号为：SMAW（N10）-Ⅱ-2G-86-F4。

[例6] 管板角接头，无衬垫水平固定试件，管材壁厚 3mm，外径 25mm 材质为 20 钢，板材厚度 8mm，材质为 16MnR，采用手工钨极氩弧焊打底，不加填充焊丝，焊缝金属厚度为 2mm，然后用自动钨极氩弧焊、药芯焊丝多道焊填满坡口，焊机无稳压系统，无自动跟踪系统。项目代号为：GTAW-Ⅰ/Ⅱ-5FG-2/25-01 和 GIAW-5FG（K）-05/07/09。

[例7] S290 钢管，外径为 320mm，壁厚 12mm，水平固定试件，使用 E××10 焊条向下焊打底，背面没有衬垫，焊缝金属厚度为 4mm，然后采用药芯焊丝自动焊，焊机无自动跟踪系统，进行多层多道焊填满坡口。项目代号为：SMAW-Ⅱ-5GX-4/320 和 FCAW-5G（K）-07/09。

[例8] 板厚 16mm 的 0Cr19Ni9 钢板，采用埋弧自动焊平焊，背面加焊剂垫，焊机无自动跟踪，焊丝为 H0 Cr21Ni10Ti，焊剂为 HJ260，单面焊两层，填满坡口。其项目代号为：SAW-1G（K）-07/09。

2. 焊工管理

焊工的所在单位和企业，一般应设立焊工考试委员会。焊工考试委员会的主要任务是：

① 制定考试计划；

② 审查焊工资格；

③ 确定考试内容；

④ 检查考试用试件（板、管、焊材、设备及仪表）；

⑤ 组织焊工进行基本知识和焊接操作技能考试；

⑥ 负责考试试件的检验和评定成绩；

⑦ 发放焊工钢印；

⑧ 办理焊工合格证延期和注销手续；

⑨ 建立并管理焊工焊接档案；

⑩ 评定或确认焊工考试用焊接工艺。

焊工的焊接档案包括：焊工焊绩记录（见表5-18）、焊缝质量检验结果、焊接质量事故等。

焊工合格证（合格项目）有效期为三年，有效期内的焊工合格证，在全国各地同等有效。在合格项目有效期满3个月前，继续担任焊接工作的焊工，可向焊工考试委员会提出申请，由考试委员会安排焊工的考试或免试等事宜。持证焊工的实际操作技能，不能满足焊接产品的质量要求时，或者违反工艺纪律以致发生重大焊接质量事故，或者经常出现焊接质量问题，焊工考试委员会可暂扣焊工合格证，或提请发证机构吊销其合格证。被吊销焊工合格证者，一年后可提出重新焊工考试。

表 5-18　焊工焊绩记录

单位_____

____年____月至____年____月　　　　　　　　　　　　　　编号：

焊工姓名	产品名称及编号	焊缝编号	合格项目代号	填表人及姓名
				日期：
				日期：
				日期：
				日期：

焊工姓名	产品名称及编号	焊缝编号	合格项目代号	填表人及姓名
				日期：
				日期：
				日期：
				日期：

焊接检验员：　　　年　月　日　　　焊接责任工程师：　　　年　月　日

思　考　题

1. 焊工上岗前为什么要进行培训及考试？

2. 简述锅炉压力容器焊工的考试内容？

3. 焊工操作技能考试从哪些方面进行？

4. 焊工考试时，有哪些具体要求？

5. 焊工合格证的有效期是多少年？对免试焊工有何要求？

第六章　焊工安全知识

第一节　电弧焊接安全用电

焊接过程中，如果电气线路不良，就有可能发生触电事故。当电流通过人体超过 0.05A 时，就有生命危险。0.1A 的电流，通过人体只需要 1s，就会使人致命。因此，安全用电对电焊操作具有十分重要的意义。

1. 触电原因

电弧焊时，操作者在整个工作过程中，都要接触电器装置（如刀开关、电焊钳、电缆、焊件等），更换焊条时，焊工的手要直接接触电极，有时还要站在焊件上操作，而焊件本身是带电的，由于其是在容器内部焊接，触电的危险性就更大。如果电焊钳和手套的绝缘不好，身体碰到工作台，焊机的空载电压就加到了人的身上，这样就有发生触电的可能。但是，这种危险性不大，因为弧焊电源的空载电压较低，在正常情况下不至于发生人身事故。但是在夏天，由于操作者出汗太多，电阻下降，电流容易通过，特别是在密闭的容器内操作，脚下又没有绝缘物，这时就有可能发生触电的危险。

电弧焊时，产生触电的危险性最大的是在焊接电源的一次端。因为焊机的一次线直接接到 220/380V 的电力网络上，如果设备发生故障，这一电压就会出现在焊钳、焊机外壳及焊件上，这时就极有可能发生触电死亡事故。

发生触电事故的原因有以下几个方面。

① 焊机在没有良好保护接地或保护接零的情况下，外壳漏电。

如绕组受潮使绝缘损坏，焊机长时间超负荷工作，即超过了铭牌上规定的负载持续率，致使焊机发热，绝缘性能降低而漏电，焊机安装地点和方法不符合安全要求，遭受振动，碰撞而使线圈绝缘造成机械性损坏，而损伤的导线与铁心外壳相连接漏电，文明生产不严格，管理混乱，致使金属丝之类的多余物碰到电线头一端，另一端碰到铁心外壳而漏电。

② 操作者碰到了无绝缘的接线头、接线板导线或绝缘失效的电线而触电。

③ 更换焊条时，手或身体某部位接触带电部分。而脚和其他部位对地面和金属结构之间绝缘不好，在金属容器、管道、锅炉内或金属结构在雨天潮湿地方焊接时，容易发生此类触电事故。

④ 焊接变压器的一次绕组对二次绕组之间的绝缘损坏，手或身体碰到损坏的绝缘、损坏的二次绕组线路。

⑤ 利用厂房的金属结构、管理、轨道或其他金属物搭接，作为焊接回路而发生的触电事故。

因此，焊工在操作过程中，碰到漏电设备外壳，防护用品中绝缘不好或违反操作规程等，是引起绝缘事故的主要原因。

2. 预防触电的措施

预防触电应从以下几个方面采取措施。

① 在电源为三相三线制或单相制系统中，应按设备保护接地线。

② 弧焊变压器的二次绕组一端接地或接零时，本身不应接地，也不应接零。否则，一旦焊接回路接触不良，则二次焊接电流可能会通过接地线或接零线，将接地线或接零线熔断，使人身安全受到威胁，还有引起火灾的可能。因此，凡是在有接地线（或接零线）的焊件上（如在机床上的部件等）进行地接时，应将焊件上的接地线（或接零线）暂时除掉，焊完再恢复。在焊接与大地紧密相连的焊件（如水管路等）时，如果焊件本身接地，电阻小于 4Ω，则应将电焊机二次绕组一端的接地线（或接零线）的接头暂时断开，焊完后再恢复。总之，经弧焊变压器的二次端与焊件不应同时存在接

地（或接零）装置，如图 6-1 所示。

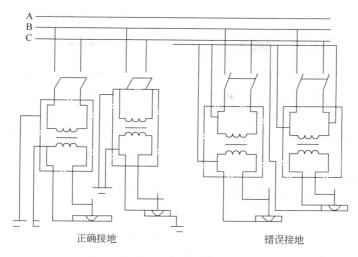

图 6-1 弧焊变压器与焊件保护接地（或接零）的关系示意

③ 焊机的接地装置必须定期进行检查，以保证其可靠性。移动式焊机在工作前必须接地，并且，接地工作必须在通电源之前做好。

④ 焊机必须绝缘良好，绕组引出线穿过设备外壳时应设置绝缘板。如要直接引出时，应采用套管套穿使用防护设备外壳的接地柱，应加设绝缘圈，并用防护套盖好。

⑤ 焊机的工作负荷应遵守焊机出厂规定，即在允许的负载持续率下工作，不得任意延长时间超载运行，焊机应放置在干燥通风的地方，周围应保持整洁。

3．焊接安全操作

为了防止触电事故的发生，焊工操作时必须按劳动保护规定穿戴防护工作服、绝缘鞋和防护手套，并保持干燥和清洁。此外，在操作时必须注意以下几点。

① 焊接工作前，应先检查焊机和工具是否完好，如电焊钳和电缆的绝缘有无损坏，焊机外壳是否良好等。

② 在仓、室或容器内焊接时，必须穿好绝缘鞋和戴防护手套，垫上橡胶板或其他绝缘材料，并应两人轮换工作，以便相互照顾，或设有一名监护人员，随时注意操作人的安全动态，遇有危险时可立即切断电源进行抢救。

③ 身体出汗衣服潮湿时，切勿靠在带电钢板或焊件上。

④ 在潮湿地点焊接作业时，地面应铺上绝缘板或其他绝缘材料。

⑤ 更换焊条时，一定要戴手套。

⑥ 在带电情况下，不要将焊钳夹在腋下去搬运焊件或将电缆软线挂在脖子上。

⑦ 焊工推拉刀开关时，应用右手，头部不要正对电门，防止因短路造成电弧火花烧伤面部。

⑧ 下列操作应在切断电源后才能进行：改变焊机接头时；更换焊件需要改变二次线时；转换工作地点时；焊机发生故障检修时；更换焊丝时。

⑨ 照明行灯的工作电压应低于12V。

4. 触电抢救措施

人触电以后会出现神经麻痹、呼吸中断、心脏停止跳动等情况。外表上呈现昏迷不醒的状态，但不应该认为是死亡，这是假死现象，必须立即抢救。

（1）解脱电源　触电发生后，电流不断经过人体，因此，迅速解脱电源是救活触电者的首要因素。此时应采取的措施是，立即断开近处的电源开关（或拔去电源插头），如果离电源开关太远，救护人可用干燥衣服、手套、绳索、木板等绝缘物件和工具，拉开触电者或拽开电线，使触电者脱离电源。如果触电者因抽筋而紧握电线，可用木柄斧、胶把钳子等工具切断电源；如果触电者衣服干燥，又没有紧缠在人身上，可用一只手抓住衣服拉他的衣服，但不得接触触电者皮肤，也不能拉他的鞋。

解脱电源时，救护人员不可直接用手、金属或潮湿的物件作为抢救工具，而必须使用适当的绝缘工具。救护人最好用一只手操作，以防自己触电。

（2）现场抢救　触电者脱离电源后，应尽量在现场抢救。

如果触电者已失去知觉，但心脏还在动，呼吸存在，应使触电者舒服、安静地平放、解开衣服以利呼吸。再摩擦全身，使之发热，并速请医生或送往医院。

如果触电者呼吸停止，必须进行人工呼吸和氧合，并送往医院。途中也不能终止急救，人工"氧合"包括人工呼吸和心脏挤压。

第二节　特殊环境焊接安全技术

比正常状态下危险性大，容易发生火灾、爆炸、触电、坠落、中毒、窒息等类事故，以及各种轻伤害的环境，称为特殊性环境。它包括易燃、易爆、有毒、窒息焊接环境，有限空间场所焊接作业环境和高处作业环境等。

特殊性环境焊接作业的特点是：它既有焊接作业一般环境的特点，又有特殊焊接作业特征；从安全观点看，它具有相当大的危险性，一旦发生事故，破坏性大，会造成摧毁性的严重后果。

1. 易燃、易爆、有毒、窒息焊接环境

在这类环境中，进行焊接作业前，必须进行置换和清洗。

（1）置换作业　在焊接前，用惰性气体（氮气、二氧化碳等）、蒸汽或水，将设备、管道、容器内易燃、易爆气体，有毒、有害气态介质全部置换出来，这种作业称为置换作业。置换用气体的安全要求见表 6-1。

表 6-1　置换用气体的安全要求

名　　称	纯度（气体的体积分数）/%	O_2/%	H_2/%
N_2	>96	<2	—
CO_2	>98	—	<0.5

置换作业前，应放掉设备内的余液、余压，用水作为置换介质

时，应将系统注满，确认没有死角为止。置换系统和生产系统连接处，除关死有关阀门外，还必须彻底切断气、液来源。置换时和置换后要打开放空阀、与大气相通的所有盖板或阀门。

置换后当操作者需进入设备内部进行焊接作业时，必须严格测定设备内部有毒、有害气体和惰性气体的含量，氧的体积分数应在19%～22%之间，以确保进入设备的人员避免产生中毒和窒息事故发生。

（2）清洗作业　易燃、易爆、有毒介质容易吸附或粘贴在设备、容器和管道的内壁并形成渣垢、黏液或沉淀物，用气体或水置换不掉，有些易燃、易爆、有毒介质还可能吸附在容器、管道的外层保温材料中，焊接前虽然置换和分析合格，但焊接后还会因温度和压力的变化，使易燃、易爆、有毒介质呈气态陆续散发出来，使设备、容器内气体成分浓度发生变化，导致火灾、爆炸或中毒事故。为此，在置换作业后，还必须用蒸汽、水或其他介质对设备进行冲洗，以彻底清除易燃、易爆、有毒介质物质，这种方法叫清洗作业。

酸性容器、管道的内壁上污垢、黏稠物和残酸等，要用木质、铝质或铜质的质量分数为70%的刀具清除。

油类设备、管道的清洗，可用氢氧化钠（火碱）进行，也可以通入水蒸气进行热态吹扫。

盛装其他介质的设备、管道，可以根据积垢或残渣的性质，采用酸性或碱性溶液反复清洗。

2. 有限空间场所焊接作业环境

密闭、半密闭的容器和容积较小、进出不便、危险性较大的场所，称为有限空间场所。

有限空间场所焊接作业的主要危险性如下。

（1）缺氧窒息　由于有限空间场所容积小，空气不流通，会使操作者因缺氧造成缺氧窒息。

（2）有毒、有害气体　小空间内有毒、有害气体蒸气、粉尘及有刺激性、腐蚀性的气体，会影响操作者的身体健康。

（3）易燃、易爆　有限空间内的一氧化碳、乙炔、丙烷、丁烷、天然气、碳氢化合物等易燃、易爆气体、蒸汽或粉尘容易发生聚集现象。当有限空间空气中的相对湿度小于50%，在焊接明火引燃下，会发生燃烧爆炸事故。

（4）容易触电　有限空间四周全是金属，内部电缆线、照明线较多，操作者容易碰撞金属，加上局部温度高，焊工容易出汗等原因，容易发生触电事故。

因此，在有限空间进行焊接操作，首先应分析空间内的氧含量，必要时应使用氧气呼吸或长管式防毒面具，加强通风，排除烟尘，注意防止漏电，尽量采用风动工具而不采用电动工具，加强对易燃、易爆容器进行置换和清洗作业。

3. 高空焊接作业

2m（包括2m）以上的高度进行焊接，称为高空焊接作业。高空焊接作业的主要危险性是特别容易发生高空坠落事故。

进行高空焊接作业时，地面和高空操作者之间，严禁抛掷物体和工具，操作者要做好头部防碰、颈部防烫工作。操作现场四周不得有易燃、易爆物质，操作者不得肩背焊接电线上下行走。有禁忌者（高血压、心脏病）不得进行高空焊接作业。

第三节　电弧焊接的有害因素

电弧焊接过程中，主要污染源是有害气体和焊接烟尘。

焊接中产生的有害因素与所采用的焊接方法、焊接材料（焊条、焊丝、母材、保护气体）、工作环境等因素有关。其中明弧焊的有害因素要比埋弧焊显著得多。

1. 弧光辐射

电弧焊时的电弧温度高达5000K以上，并产生强烈的弧光辐射，弧光辐射对人体的作用机理是：当弧光辐射长时间作用到人体，可能被体内组织吸收引起人体组织的致热作用、光化学作用和电离作用，致使人体组织发生急性和慢性损伤，并且这种损伤具有重复性。

（1）紫外线　紫外线主要造成对皮肤和眼睛的损伤。

不同波长的紫外线被皮肤不同深度组织所吸收，皮肤受强烈紫外线照射后可引起弥漫性红斑，出现小水泡、渗出液、浮肿、脱皮、有烧灼感、发痒等。波长较短的紫外线，红斑出现快，消失也快，疼痛较重，不遗留色素沉着，作用强烈时伴有全身症状，如头痛、疲劳、发烧和兴奋等。

紫外线对眼睛的伤害是能导致发生电光性眼炎。紫外线对纤维物质能产生破坏作用和退色作用，尤其以氩弧焊更为突出。

（2）红外线　红外线对人体的危害主要是引起组织的致热作用。眼睛受到红外线的辐射，会迅速产生灼热和灼痛，形成闪光幻觉感，并且氩弧焊的作用又大于焊条电弧焊。

2. 烟尘和有害气体

电焊时的烟及粉尘是金属蒸气在空气中迅速冷凝及氧化所形成的。

焊接材料中的元素，如铁、锰、硅、铬、镍等，虽然沸点不同，但在电弧温度中产生猛烈的蒸发现象，这是焊接烟尘的重要来源。此外，焊条药皮中各种成分的蒸发和氧化也是焊接烟尘的主要来源。

焊接烟尘主要由金属氧化物、氟化物微尘及有害气体组成。焊接烟尘的成分和数量与使用的焊接方法、药皮类型、焊条直径、工艺参数及母材成分有关。不同的药皮类型焊接烟尘成分见表 6-2。

表 6-2　焊接烟尘的成分（质量分数）/%

药皮类型	Fe_2O_3	SiO_2	MnO	TiO	Al_2O_3	CaO	MgO	F	Ca
钛钙型	45.6~51.8	20.38~20.75	6.99~8.10	5.22~5.76	1.19~2.75	0.9~2.15	0.38~1.68	—	0.2
低氢钠型	33~36	7.44~12.30	5.46~7.27	0.8~1.99	1.32~2.47	14.65~26.7	0.38	7.57~18.2	0.12

有害气体主要有臭氧（O_3）、碳的氧化物（CO、CO_2）、氮的氧化物（NO、NO_2、N_nO_m）。

焊接烟尘的主要危害是微尘，有害气体处于次要地位。

实际测定的几种焊条发尘量见表 6-3。

表 6-3　焊条发尘量的测定

焊条型号	药皮类型	直径/mm	电流/A	发尘量/(g/kg)
E4303	钛钙型			7.30
E5015	低氢钠型			15.60
E301-15	低氢钠型	4	170	12.02
E410-15	低氢钠型			10.08
EDMn-A-15	低氢钠型			18.10

由表 6-3 可知，低氢型焊条的发尘量几乎是酸性焊条发尘量的两倍，并且还含有有毒气体氟，因此，对焊工身体健康的影响也比酸性焊条大得多。

焊接烟尘对人体的危害主要是损害呼吸系统、神经系统和消化系统。若长期在密闭容器、锅炉、船舱或管道内从事焊接工作，如果没有相应的通风防尘措施，就有可能导致肺尘埃沉着病、锰中毒和金属热等职业病。

（1）焊工肺尘埃沉着病　焊工肺尘埃沉着病是因长期吸入超过规定浓度的粉尘导致的疾病。

有些粉尘，如氧化铁、铝等，吸入后可沉积于肺组织中，呈现一般的异物反应，对人体健康危害较小，或无明显影响，脱离粉尘作业后，病变可逐渐减轻或消失。

焊工肺尘埃沉着病的发病一般比较缓慢，多在接触焊接烟尘后10 年以上，有的长达 15～20 年以上才发病。主要表现为呼吸系统症状，如气短、咳嗽、咯痰、胸闷和胸痛，部分焊工肺尘埃沉着病患者还伴有无力、食欲减退、体重减轻以及神经衰弱等症状（如头痛、头晕、失眠、嗜睡、多梦、记忆力衰退等），同时对肺功能也有一定的影响。

（2）锰中毒　焊芯中锰和药皮中锰矿、锰铁会在焊接区周围形成大量锰蒸气，并在空气中很快与氧化合成一氧化锰（MnO）及棕色的四氧化三锰（Mn_3O_4）烟尘，长期吸入锰及其化合物的微粒和蒸气，就可能造成锰中毒。

锰中毒发病很慢，甚至可长达 20 年以上才发病。锰中毒的症状是疲劳无力、头痛、头晕、失眠、记忆力衰退以及植物神经功能紊乱等。

（3）焊工金属热　在焊接金属烟尘中有直径为 $0.05\sim0.5\mu m$ 的氧化铁、氧化锰微粒和氟化物等，这些氧化物容易通过上呼吸道进入气管和肺泡，再进入人体内，引起产生金属热。其主要症状是在工作后发烧、寒战、口内金属味、恶心、食欲不振等。焊工长期在密闭容器内使用低氢型焊条时，容易引发金属热症状。

3. 高频电磁场

手工钨极氩弧焊在引弧时，$2\sim3s$ 内局部工位会产生高频电磁场，焊工手部的电磁场强度为 $110V/m$，超过国家卫生标准 $2\sim3$ 倍，长期接触较强的高频电磁场，能引起人体植物神经功能紊乱和神经衰弱，表现为头昏、乏力、消瘦、血压下降等症状。

各种电弧焊方法的有害因素见表 6-4。

表 6-4　各种电弧焊方法的有害因素

焊 接 方 法	电弧辐射	高频电磁场	烟尘	有毒气体	金属飞溅	射线	噪声
酸性焊条电弧焊	○		○○	○	○		
低氢焊条电弧焊	○		○○	○	○○		○
铁粉焊条电弧焊	○		○○○○	○	○		
碳弧气刨	○		○○○	○			○
镀锌铁焊条电弧焊	○		○○○	○			
埋弧焊			○				
钨极氩弧焊（铝、钛、铜、镍、铁）	○○	○○	○	○○	○	○	
钨极氩弧焊（不锈钢）	○○	○○	○	○○	○	○	

第四节　电弧焊接劳动保护措施

目前所使用的焊条发尘量，大部分都基本能满足国家标准规定的要求，但焊接车间的烟尘浓度，却往往大大超过了国家标准规定。因此，必须加强防护工作。焊接现场的卫生标准见表 6-5。

表 6-5 部分焊接现场的卫生标准

烟尘和有毒气体		中国标准	国际标准
烟尘/(mg/m^3)	低害粉尘	10	10
	氧化铁	—	10
	氧化钙 CaO	—	5
	锰 Mn	0.3(MnO_2)	5
	氧化锌	7	5
	氟化物	1	2.5
	氧化钒	0.1	0.1
	铬酸盐	0.1	0.1
有害气体/10^{-6}	二氧化碳 CO_2	—	4000
	一氧化碳 CO	26	50
	一氧化氮 NO	—	25
	二氧化硫 SO_2	8	5
	二氧化氮 NO_2	1	5
	臭氧 O_3	—	0.1
	光气 $COCl_2$	0.1	0.1

通风措施是消除焊接烟尘危害和改善劳动条件的有力措施。它的任务在于使焊接作业地点条件符号要求规定，创造良好的作业环境。

1. 全面通风

有三种不同排烟方法，即上抽排烟、下抽排烟和横向排烟。

2. 局部通风

局部通风分为送风和排风两种。局部送风是使用电风扇直接吹散焊接烟尘和有毒气体的方法。局部排风是目前所用的各类排风措施中较有效果、方便灵活、经济适用的一种方法。局部通风的风速应不大于 30m/s，其风量可按表 6-6 选取。

局部通风的装置分为固定式、可移动式、多头排烟罩、随机式、小风机、引射式、低压风机、手持式和排烟焊枪等。各种类型

表 6-6　局部通风的风量选取

排烟罩离电弧或焊炬的距离/mm	风机最小风量/(m³/h)	软管直径/mm
100～150	144	38
	260	76
150～200	470	90
200～250	720	110
250～300	1020	140

排烟罩，应根据不同焊件和焊接方法、工作场所等选择使用。

思　考　题

1. 电焊工可能发生哪些触电事故？
2. 防止焊接触电事故有哪些措施？
3. 什么是电焊工的个人防护用具？
4. 焊接作业有哪些防火措施？

第七章　焊缝质量检验

第一节　焊　接　缺　陷

焊接结构在制作过程中受各种因素的影响，生产出每一件产品都不可能完美无缺。不可避免地产生焊接缺陷，它的存在，不同程度上影响到产品质量和安全使用。焊接检验的目的就是运用各种检验方法，把焊件上的各种缺陷检查出来，并按有关标准进行评定，以决定对缺陷的处理。

一、焊接缺陷的分类

焊接缺陷的种类很多，有不同的分类方法。以熔化焊为例，GB/T 6417—1998《金属熔化焊焊缝缺陷分类及说明》中，把熔化焊的缺陷按性质分为如下六类：

第一类　裂纹；

第二类　孔穴；

第三类　固体夹杂；

第四类　未熔合和未焊透；

第五类　形状缺陷；

第六类　上述以外的其他缺陷。

第一大类中又按缺陷存在的位置及状态分为若干小类，该标准把每种缺陷用阿拉伯数字标记，同时采用国际焊接学会（IIW）《参考射线底片汇编》中目前通用的缺陷字母代号来对缺陷进行简化标记，详见表 7-1。

表 7-1　金属熔化焊焊接缺陷分类

缺陷类别	缺陷名称	数字序号	缺陷类别	缺陷名称	数字序号
第一类	裂纹(E)	100	第五类	下塌	504X
	纵向裂纹(Ea)	101X		焊缝成形不良	505X
	横向裂纹(Ed)	102X		焊瘤	506X
	放射性裂纹(E)	103X		错边	507X
	弧坑裂纹(Ec)	104X		角度偏差	508X
	间断裂纹群(E)	105X		下垂	509X
	枝状裂纹(E)	1106X		烧穿	510X
第二类	孔穴(A)	200		未焊满	511X
	气孔(A)	201X		焊脚不对称	512X
	缩孔(K)	202X		焊缝宽度不齐	513X
第三类	固体夹杂	300		表面不规则	514X
	夹渣(Ba)	301X		根部收缩	515X
	焊剂夹渣(G)	302X		根部气孔	516X
	氧化物夹渣(J)	303X		焊缝接头不良	517X
	金属夹渣(H)	304X	第六类	其他缺陷	600
第四类	未熔合未焊透	400		电弧擦伤	601X
	未熔合	401X		飞溅	602X
	未焊透(D)	402X		表面撕裂	603X
第五类	形状缺陷	500		磨痕	604X
	咬边 F	501X		打磨过量	605X
	焊缝超高	502X		凿痕	606X
	凸度过大	503X		定位焊缺陷	607X

二、常见焊接缺陷产生原因及消除方法

　　电弧焊接时产生的缺陷种类繁多，按缺陷产生在焊缝的位置，可分成内部缺陷和外部缺陷两大类。常见焊接缺陷产生原因及消除方法见表 7-2。

表 7-2 焊接缺陷产生原因及消除方法

缺陷名称	特 征	产生原因	检验方法	排除方法
焊缝尺寸超差	焊缝过高、过低、过宽、过窄及不平滑过渡	坡口不合适;操作运条不当;焊接电流不稳定;焊接速度不均匀;焊接电弧高、低变化大	目测,量规测量	过高、过宽采用角向磨光机去除;低、窄处补焊后磨平
咬边	靠焊缝边缘的缺陷	焊接规范不当;操作技术不正确;焊条药皮偏吹	目测,宏观金相	轻微时可修磨,深咬边需补焊
焊瘤	熔化金属流淌到未熔化母材上形成的堆积	焊接规范不正确;操作技术不准;如立焊时运条不当,容易产生焊瘤	目测,宏观金相	可用角向磨光机打磨多余金属
烧穿	焊接时母材熔化过深,致使从背面漏出	坡口角度、间隙过大,焊接电流过大,焊接速度太慢	目测,宏观金相,X射线探伤	清除多余金属,补焊填平凹穴,再继续焊接
气孔	焊缝金属表面和内部产生的孔穴	焊件清理不干净,有锈或氧化物;焊接区保护不好;电弧过长	X射线探伤,目测	清除后补焊
夹杂	在焊缝内的金属或非金属夹杂物	焊材质量差;焊接电流过滤小;熔渣密度大;层间未清理干净	X射线探伤,目测	清除夹渣,补焊
热裂纹	沿晶界面出现,断口处有氧化色,常出现在焊缝上,呈锯齿状	母材抗裂性差;焊材不好;焊接规范不当;焊缝内应力太大	X射线探伤,目测,着色探伤,磁粉探伤	彻底清除裂纹,然后进行补焊
冷裂纹	断口无明显氧化皮,有金属光泽,产生在过热区中	结构设计不合理;焊接顺序不当;未预热或焊后冷却太快		
再热裂纹	沿晶间,且局限在热影响区的粗晶区内	焊后热处理工艺不当;母材性能未掌握		
未焊透	母材与焊缝金属根部间的缝隙	焊接电流太小;焊接速度太快;坡口角度太小;操作技术较差	X射线探伤,目测,超声波探伤,金相检查	有条件时在背面补焊;重要结构应刨掉未焊透处重新焊接
未熔合	母材与焊缝金属间未完全熔合在一起			

187

缺陷名称	特 征	产生原因	检验方法	排除方法
弧坑	焊缝熄弧处低洼部分	熄弧太快,收弧时未填满弧坑	目视检查	在弧坑处补焊
背面凹陷	焊缝背面形成的缩沟	焊接电流大,且焊接速度太快	目视检查	背面补焊或补焊后修磨

第二节　焊缝质量检验

我国对焊接质量,采取分级管理,相应颁发了若干标准。

一、钢熔化焊焊接接头缺陷的分级

钢熔化焊焊接接头缺陷的分级实质上就是缺陷容限的分级。GB/T 12469—1990《焊接质量保证钢熔化焊接头的要求和缺陷分级》把接头的外观和内部缺陷分为四级,见表 7-3。这个分级标准,即可作为焊接结构生产和焊接工艺评定时的质量验收依据。

表 7-3　缺陷分级（GB/T 12469—1990）

缺陷名称	GB/T 6417 代号	缺 陷 分 类			
		Ⅰ	Ⅱ	Ⅲ	Ⅳ
焊缝外形尺寸		按选用坡口由焊接工艺评定确定,只需符合 GB 10854 或产品相关规定要求,本标准不作分级			
未焊满(未满足设计要求)	511	不允许		$\leqslant 0.2 + 0.2\delta$,且$\leqslant$ 1mm,每 100mm 焊缝内缺陷总长$\leqslant$25mm	$\leqslant 0.2 + 0.4\delta$,且$\leqslant$ 2mm,每 100mm 焊缝内缺陷总长$\leqslant$25mm
根部收缩	515	不允许	$\leqslant 0.2 + 0.2\delta$,且$\leqslant 0.5$mm	$\leqslant 0.2 + 0.2\delta$,且$\leqslant 1$mm	$\leqslant 0.2 + 0.2\delta$,且$\leqslant 2$mm
	5013		长度不限		
咬边	5011 5012	不允许	$\leqslant 0.5\delta$,且$\leqslant 0.5$mm,连续长度$\leqslant 100$mm,且焊缝两侧咬边总长度$\leqslant 10\%$焊缝全长		$\leqslant 0.1\delta$,且$\leqslant 1$mm,长度不限
裂纹	100	不允许			
弧坑裂纹	104	不允许			个别长$\leqslant 5$mm 的允许

缺陷名称	GB/T 6417 代号	缺 陷 分 类			
		Ⅰ	Ⅱ	Ⅲ	Ⅳ
电弧擦伤	601	不允许			个别擦伤允许
飞溅	602	清除干净			
接头不良	517	不允许		缺口深度≤0.05δ，且≤0.5mm，每米焊缝不得超过一处	缺口深度≤0.1δ，且≤1mm，每米焊缝不得超过一处
焊瘤	506	不允许			
未焊透（按设计焊缝厚度为准）	402	不允许		不加垫单面焊允许值≤0.15δ，且≤1.5mm，每100mm焊缝内缺陷总长≤25mm	≤0.2δ且≤2.0mm，每100mm焊缝内缺陷总长≤25mm
表面夹渣	300	不允许		深0.1δ，长0.3δ，且≤10mm	深0.2δ长0.5δ，且≤20mm
表面气孔	2017	不允许		每50mm焊缝长度内允许直径≤0.3δ，且≤2mm的气孔2个，孔距≤6倍孔径	每50mm焊缝长度内允许直径≤0.4δ，且≤3mm的气孔2个，孔距≤6倍孔径
角焊缝厚度不足（按计算厚度）		不允许		≤0.3+0.05δ，且≤1mm，每100mm焊缝内缺陷总长≤25mm	≤0.3+0.05δ，且≤2mm，每100mm焊缝内缺陷总长≤25mm
角焊缝焊角不对称	512	差值≤1+0.1a	≤2+0.15a		≤2+0.2a
		a 为焊缝计算厚度			
内部缺陷		GB/T 3323 Ⅰ级和Ⅱ级	GB/T 3323 Ⅲ级		不要求探伤
		GB/T 11345 Ⅰ级	GB/T 11345 Ⅱ级		

注：1. 除注明角焊缝外，其余均为对接、角接通用。

2. 咬边如经磨削、修磨并平滑过渡，则只按焊缝最小允许厚度值评定。

3. 待定条件下要求平缓过渡时，不受规定限制（如搭接或不等厚板对接和角接组合焊缝）。

GB/T 12469—1990 标准规定，凡已有产品设计规定，或法定验收规则的产品，应遵循这些规定，换算成相应级别。对没有相应规程或法定验收规则的产品，在确定评定级别时，应考虑载荷性质、服役环境、产品失效后的影响、选用材质、制造条件等因素。对技术要求较高但又无法实施无损检验的产品，必须对焊工操作及工艺实施产品适应性模拟件考核，并明确规定焊接工艺实施全过程的监督制度和责任记录制度。该标准不对接头的力学性能规定分等，但在设计文件或技术要求中必须明确规定出产品对接头（包括焊缝金属）性能要求的项目和指标，且应符合产品设计规程、规则或法规的要求。

二、无损探伤

无损探伤又称为无损检测（NDT）。它是不损伤被检测材料或产品的性能和完整性而检查其缺陷的方法。现代无损检测技术，不仅能判断缺陷是否存在，而且对缺陷的性质、形状、大小、位置、取向等，作出定性、定量评定，还能借此分析缺陷的危害程度。这是一项使用非常方便，检验速度快而又不损伤成品的实用技术。

凡能对材料或构件实行无损探伤的各种力、声、光、热、电、磁、化学、电磁波或核辐射等方法，广义上都可以认为是无损检测方法。

目前，主要应用的无损检测方法及特点见表7-4。

表7-4　主要无损检测（NDT）方法及特点

序号	检测方法	缩写代号	适用的缺陷类型	基本特点
1	超声波探伤	UT	表面及内部缺陷	速度快,对平面性缺陷灵敏度高
2	射线探伤	RT	内部缺陷	直观,对体积性缺陷灵敏度高
3	磁粉探伤	MT	表面缺陷	仅适用于铁磁性材料的构件
4	渗透探伤	PT	表面开口缺陷	操作简单
5	涡流探伤	ET	表层缺陷	适用于导体材料的构件
6	声发射检测	AE	缺陷的萌生与扩展	动态检测与监测

通常，人们将超声波、射线、磁粉、渗透、涡流这五种方法称为常规无损检测法。此外，正在不断发展的其他无损检测新技术有声发射、激光全息、红外、微波等。

1. 超声波探伤（UT）

它是利用超声波探测材料内部缺陷的特性，来检测内部缺陷的一种方法。超声波一般是指频率高于 20000Hz 的高频声波，人耳不易听到。高频声波的波束具有与光学相近的指向性并能在金属内传播，在界面上会产生反射和折射现象。超声波探伤即以此原理来检查焊缝中的缺陷的。

超声波探伤所用的设备称超声波探伤仪。它是由高频脉冲发生器、直探头（声电传感器）、接收放大器和扫描发生器等部分组成，如图 7-1 所示。

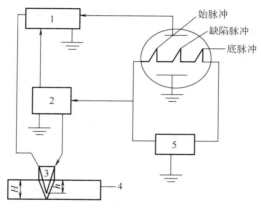

图 7-1　超声波探伤仪结构

1—接收放大器；2—高频脉冲发生器；3—直探头；

4—试件；5—扫描发生器

超声波探伤时，将高频脉冲发生器产生的高频脉冲电压，同时作用在探头和接收放大器上，探头把接收的高频交流电压脉冲转换成超声振动（即超声波），并射向焊缝。作用在接收放大器上的高频脉冲信号经放大后，在指示器上显示出"始脉冲"，它表示已向焊缝发射超声波。进入焊缝内的超声波，是按直线传播的，若在传播方向上遇到缺陷时，则会引起反射，反射波被探头接收，又把超声波振动变为交流电压，经接收放大后在显示器上显示缺陷脉冲。另一部分超声波在焊件底部发生反射，经接收放大后也在显示器上显示底脉冲。由于产生反射的时间有先有后，所以，底脉冲、缺陷脉冲和始脉冲存在于不同距离。因此，可以根据缺陷脉冲的位置和特征，来确定焊接缺陷的位置、形状和大小。

超声波探头有直探头和斜探头。直探头可发射及接收纵波，能发现与探测表面平行的缺陷；斜探头用于横波探伤，可发射及接收横波，用以发现与探测表面成一定角度的缺陷。

超声波探伤的优点是，比射线探伤灵敏性高，并且灵活方便，周期短、成本低、效率高，对人体无害；特别适合大厚度工件的探伤工作。

目前，我国超声波探伤仪多为 A 型单通道探伤仪，国产超声波探伤仪的型号及主要参数见表 7-5。

表 7-5　国产超声波探伤仪的型号及主要参数

型号	工作频率/MHz	衰减器/dB	探测范围/mm	分辨率/mm
CTS22	0.5～10	0～80	10～1200	3
CTS23	0.5～20	0～90	5～5000	1.2
CTS24	0.5～25	0～110	5～1000	1.2
JIS-5	1～15	0～80	10～3000	1.2
JIS-6	1～15	0～100	10～3000	1.2

近年，随着科学技术的发展，已开发出先进的参数显示、彩色显像和缺陷自动记录等超声波探伤仪，如 SMART-220、TS-8010、TIS-7 等型号的超声波探伤仪。

2. 射线探伤（RT）

射线探伤是一种采用 X 射线或 γ 射线照射焊接接头，检查内部缺陷的无损检验方法。目前应用的主要有射线照相法、透视法（荧光屏直接观察法）和工业 X 射线电视法。其中应用最广泛、灵敏度较高的是射线照相法。

X 射线和 γ 射线都是波长很短的电磁波，具有能穿透不透明物体使照相胶片感光的特性。射线探伤时，部分能量被吸收，射线发生衰减，其衰减的大小与透过金属的厚度（焊缝内部存在裂纹、气孔、未焊透等，使金属变薄）、密度（存在夹渣等）有关。因此，射线透照在底片上的强度不同，其感光度也就有差异。显影后根据底片上影像，便判断出内部缺陷的形状、位置和大小。在照相底片上，淡色影像焊缝中，所显示的深色斑点和条纹即是缺陷。

（1）裂纹　在底片上是一条略带曲折波浪状的黑色条纹，有时也呈直线形，轮廓较分明，两端尖且色淡，中间稍宽色较深。裂纹位置有时在焊缝纵向或横向，有时存在焊缝金属内，有时在焊接热影响区。

（2）气孔　在底片上呈现圆形或椭圆形黑点，黑点在中心时较黑，均匀地向边缘变淡，分布不一致，有稀疏的也有密集的。

夹渣呈现不同形状的点或条状，点状夹渣为单独黑点，轮廓不太规则，带有棱角，黑度均匀；条状夹渣宽而短，呈粗线条状，长条形夹渣线条较宽，宽度不一致；群状夹渣是较密的黑点群。

（3）未焊透　在底片上呈现一条断断续续或连续的黑色直线，在不开坡口对接焊缝中，宽度较均匀且在焊缝中部。V形坡口焊缝中在底片位置是偏离中心，呈断续状，宽度不均；X形坡口双面焊缝中的中部未焊透，在底片上为黑色较规则的线状。角接头、T形接头、搭接头中的未焊透呈断续线状。

焊缝质量的评定，根据 GB 3323—1997《钢熔化焊对接接头射线照相和质量分级》的规定，对焊缝质量，按缺陷性质和数量分为下列四级。

（1）Ⅰ级　焊缝内应无裂纹、未熔合、未焊透和条状夹渣。

（2）Ⅱ级　焊缝内应无裂纹、未熔合、未焊透。

（3）Ⅲ级　焊缝内应无裂纹、未熔合以及双面焊和加垫板的单面焊中的未焊透、不加垫板的单面焊中的未焊透允许长度按条状夹渣长度的Ⅲ级评定。

（4）Ⅳ级　焊接缺陷超过Ⅲ级者。

圆形缺陷的分级，长宽比小于或等于 3 的缺陷定义为圆形缺陷。它们可以是圆形、椭圆形、锥形或带有尾巴（在测定尺寸时应包括尾部）等不规则形状，包括气孔、夹渣或夹钨。圆形缺陷以给定区域内缺陷点数进行分级。而评定区域大小按母材厚度由表 7-6 确定。缺陷点数按缺陷尺寸大小，由表 7-7 确定；不计点数的缺陷尺寸，见表 7-8；圆形缺陷分级见表 7-9。

表 7-6　圆形缺陷的评定尺寸

母材板厚/mm	≤25	25～100	＞100
评定区尺寸/mm	10×10	10×20	10×30

表 7-7　圆形缺陷的等效点数

缺陷长径/mm	1	1～2	2～3	3～4	4～6	6～8	8～10
点数	1	2	3	6	10	15	25

表 7-8　圆形缺陷的评定尺寸

母材板厚 δ/mm	≤25	25～50	＞50
缺陷长径/mm	≤0.5	≤0.7	≤1.4%δ

表 7-9　圆形缺陷的分级（GB 3323—1997）

质量等级	评定区/mm					
	10×10		10×20	10×30		
	母材宽度/mm					
	≤10	10～15	15～25	25～59	50～100	＞100
Ⅰ	1	2	3	4	5	6
Ⅱ	3	6	9	12	15	18
Ⅲ	6	12	18	24	30	36
Ⅳ	点数超出Ⅲ级者					

注：表中数据为允许缺陷点数的上限，当圆形缺陷长径大于 $\frac{1}{2}T$ 时评为Ⅳ级，评定应选在缺陷最严重部位。

条状夹渣的分级，长宽比大于 3 的缺陷定义为条状夹渣，条状夹渣以夹渣长度进行分级，见表 7-10。

综合评级。在圆形缺陷评定区内，同时存在圆形缺陷和条状夹渣（或未焊透）时，应各自评级，将级别之和减 1 作为最终级别。

3. 磁粉探伤（MT）

利用在强磁场中，铁磁性材料表层缺陷产生的漏磁吸附磁粉现象，进行的无损检测法，称磁粉探伤。

磁粉探伤对表面缺陷具有较高的检测灵敏度，因此适于：施焊前坡口面检验；焊接过程中焊道表面检查；焊后热处理、压力试验

表 7-10　条状夹渣的分级（GB 3323—1997）

质量等级	单个夹渣最大长度/mm		条状夹渣总长/mm
Ⅱ	$\delta \leqslant 12$	4	在任一直线上，相邻两夹渣间距不超过 6L 的一组夹渣，其累计长度在 12δ，焊缝长度内不超过 δ
	$12 < \delta < 60$	$\delta/3$	
	$\delta \geqslant 60$	20	
Ⅲ	$\delta \leqslant 9$	6	在任一直线上，相邻两夹渣间距不超过 3L 的一组夹渣，其累计长度在 6δ，焊缝长度内不超过 δ
	$9 < \delta < 45$	$2\delta 3$	
	$\delta \geqslant 45$	30	
Ⅳ	大于Ⅲ级者		

注：1. 表中 L 为该组夹渣最长者的长度，δ 为母材厚度。

2. 长宽比大的长气孔的评级与条形夹渣相同。

3. 当被检焊缝长度小于 12δ（Ⅱ级）或 6δ（Ⅲ级）时，可按比例折算。当折算的条状夹渣总长小于单个条夹渣长度时，以单个条状夹渣长度为允许值。

后表面检查；临时点固件去除后的表面检查等。

表 7-11　焊缝磁粉检验缺陷磁痕分级标准（GB/T 6061—1992）

质量等级		Ⅰ	Ⅱ	Ⅲ	Ⅳ
		$\leqslant 0.1$	$\leqslant 0.3$	$\leqslant 1.5$	$\leqslant 5$
线形	裂纹		不允许		
	未焊透	不允许	不允许	允许存在的单个缺陷长度$\leqslant 0.15\delta$，且$\leqslant 2.5$mm；100mm 焊缝长度范围内允许存在缺陷长度$\leqslant 25$mm	允许存在的单个缺陷长度$\leqslant 0.2\delta$，且$\leqslant 3.5$mm；100mm 焊缝长度范围内允许存在缺陷长度$\leqslant 25$mm
	夹渣或气孔		$\leqslant 0.3\delta$，且$\leqslant 4$mm，相邻两缺陷距离应不小于其中较大缺陷磁痕长度的 6 倍	$\leqslant 0.3\delta$，且$\leqslant 10$mm，相邻两缺陷距离应不小于其中较大缺陷磁痕长度的 6 倍	$\leqslant 0.3\delta$，且$\leqslant 20$mm，相邻两缺陷距离应不小于其中较大缺陷磁痕长度的 6 倍
圆形	夹渣或气孔		任意 50mm 焊缝长度内允许存在的显示长度$\leqslant 0.15\delta$，且$\leqslant 2$mm 的缺陷 2 个；缺陷间距应不小于其中较大缺陷磁痕长度的 6 倍	任意 50mm 焊缝长度内允许存在的显示长度$\leqslant 0.3\delta$，且$\leqslant 3$mm 的缺陷 2 个；缺陷间距应不小于其中较大缺陷磁痕长度的 6 倍	任意 50mm 焊缝长度内允许存在的显示长度$\leqslant 0.4\delta$，且$\leqslant 4$mm 的缺陷 2 个；缺陷间距应不小于其中较大缺陷磁痕长度的 6 倍

注：δ 为焊缝母材厚度，当焊缝两侧的母材厚度不相等时，取其中较小的厚度值作为 δ。

磁粉探伤缺陷磁痕等级分类，是根据 GB/T 6061—1992《焊缝磁粉检验方法和缺陷磁痕的分级》规定，按缺陷磁痕的形状，分为圆形和线形两种。

凡长轴与短轴之比小于 3 的缺陷磁痕称为圆形磁痕；长轴与短轴之比大于 3 的缺陷磁痕称为线形磁痕。然后根据缺陷磁痕的类型、长度、间距以及缺陷性质，分为四个等级，见表 7-11。

当出现在同一条焊缝上不同类型或者不同性质的缺陷时，可选用不同的等级进行评定，也可选用相同的等级进行评定。评定为不合格的缺陷，在不违背焊接工艺评定的情况下，允许进行返修。返修后的检验和质量评定与返修前相同。

4. 渗透探伤（PT）

利用某些液体的渗透物理性能，来发现和显示缺陷的无损检验方法，称为渗透探伤。它可检测表面开口缺陷。几乎适用于所有材料的各种形状表面缺陷检查。此法设备简单、操作方便、检测速度快、适用范围广，而被推广应用。

渗透着色法的检查评定可用肉眼直接观察，对细小缺陷可借助 5～10 倍放大镜观察。对荧光法，则要借助紫外线光源的照射，使荧光物发光后才能观察。

渗透探伤方法的分类：按探伤方法分类，见表 7-12；按显像方法分类，见表 7-13。各种渗透方法的特点及应用见表 7-14。

表 7-12　按探伤方法分类

方法名称	渗透剂种类	方法代号	方法名称	渗透剂种类	方法代号
荧光	水洗型荧光渗透液	FA	着色	水洗型荧光渗透液	VA
渗透	乳化型荧光渗透液	FB	渗透	乳化型荧光渗透液	VB
探伤	溶液去除型荧光渗透液	FC	探伤	溶液去除型荧光渗透液	VC

表 7-13　按显像方法分类

方　法　名　称	显像剂种类	方　法　代　号
干式显像法	用干式显像法	C
干式显像法	用干式显像法	W
	用快干式显像剂	S
无显像剂显像法	不用显像剂	N

表 7-14　渗透方法的特点及应用

类　　型		特点和应用范围
荧光法	水洗型荧光	工件上多余的荧光渗透液可直接用水清洗掉。在紫外线灯下有明亮的荧光,水洗检查速度快,广泛用于中、小零件的检验
	后乳化型荧光	工件上的荧光渗透液要用乳化剂乳化处理后,才能用水洗掉。有极明亮的荧光,灵敏度高于其他方法,适用于质量要求高的工件
	溶剂去除型荧光	工件上多余的荧光渗透液可直接用水清洗掉。检查成本比较高,一般情况不用
着色法	水洗型着色	与水洗型荧光相似,不需要紫外线灯
	后乳化型着色	与后乳化型荧光相似,不需要紫外线灯
	溶剂去除型着色	一般是在喷罐内使用,便于携带,广泛用于焊缝、大型工件的局部探伤、高空及野外和没有水的场所检查

　　渗透探伤是根据缺陷显示迹痕的形状和大小进行评定质量等级分类的。GB/T 6062—1992《焊缝渗透检验方法和缺陷迹痕的分级》根据缺陷的迹痕形态,把它分为圆形和线形两类。凡长轴与短轴之比小于 3 的缺陷迹痕称为圆形迹痕;长轴与短轴之比大于 3 的缺陷迹痕称为线形迹痕。然后根据缺陷迹痕的类型、长度、间距以及缺陷性质,分为四个等级,见表 7-11。

　　当出现在同一条焊缝上不同类型或者不同性质的缺陷时,可选用不同的等级进行评定,也可选用相同的等级进行评定。评定为不合格的缺陷,在不违背焊接工艺评定的情况下,允许进行返修。返修后的检验和质量评定与返修前相同。

　　5. 涡流探伤

　　涡流探伤法是以电磁感应原理为基础。检测线圈流过交变电流时,会产生同频率的交流磁场,如果该磁场靠近金属表面,则在工件中能感应出同频率的电流,简称涡流。涡流的大小与金属材料的导电性、导磁性、几何尺寸及缺陷形态有关。涡流本身也会产生同频率的磁场其强度取决于涡流的大小,其方向与线圈电流磁场相反,涡流磁场变化会引起线圈阻抗变化,测出该阻抗变化的幅值与相位，即能间接的测量出工件表面缺陷尺寸，这就是涡流探伤（EP）。

思 考 题

1. 焊接质量从哪些方面进行检验？
2. 压力容器的焊缝外观质量，按什么标准检查？
3. RT、PT 各代表什么检验？
4. 无损探伤有哪些方法？

附　　录

附录一　焊缝符号表示方法

一、基本符号

序 号	名　　称	示　意　图	符　号
1	卷边焊缝[①] （卷边完全熔化）		ハ
2	I 形焊缝		‖
3	V 形焊缝		V
4	单边 V 形焊缝		Ⅴ
5	带钝边 V 形焊缝		Y
6	带钝边单边 V 形焊缝		Ⅴ
7	带钝边 U 形焊缝		Y
8	带钝边 J 形焊缝		Ⅴ
9	封底焊缝		⌣
10	角焊缝		◿

序 号	名　称	示　意　图	符　号
11	塞焊缝或槽焊缝		⊓
12	点焊缝		○
13	缝焊缝		⊖

① 不完全熔化的卷边焊缝用Ⅰ形焊缝符号来表示，并加注焊缝有效厚度 S。

二、辅助符号

序号	名　称	示意图	符　号	说　明
1	平面符号		——	焊缝表面齐平（一般通过加工）
2	凹面符号		⌣	焊缝表面凹陷
3	凸面符号		⌢	焊缝表面凸起

三、辅助符号的应用示例

名　称	示　意　图	符　号
平面Ⅴ形对接焊缝		▽̄

名 称	示 意 图	符 号
凸面 X 形对接焊缝		
凹面角焊缝		
平面封底 V 形焊缝		

四、补充符号

序号	名 称	示 意 图	符 号	说 明
1	带垫板符号①			表示焊缝底部有垫板
2	三面焊缝符号①			表示三面带有焊缝
3	周围焊缝符号			表示环绕工件周围焊缝
4	现场符号			表示在现场或工地上进行焊接
5	尾部符号			可以参照 GB 5185 标注焊接工艺方法等内容

五、补充符号应用示例

示 意 图	标 注 示 例	说 明
		表示 V 形焊缝的背面底部有垫板
		工件三面带有焊缝,焊接方法为手工电弧焊
		表示在现场沿工件周围施焊

附录二　焊接收缩余量

/mm

结构类型	焊件特征和板厚	焊缝收缩量
钢板对接	各种板厚	长度方向每米焊缝 0.7 宽度方向每米焊缝 1.0
实腹结构及焊接 H 钢	断面高小于或等于 1000,且板厚小于 25	四条纵焊缝每米共收缩 0.6,焊透梁高收缩 1.0,每米加筋焊缝长度收缩 0.3
	断面高小于或等于 1000,且板厚大于 25	四条纵焊缝每米共收缩 0.2,焊透梁高收缩 1.4,每米加筋焊缝长度收缩 0.5
	断面高大于或等于 1000,各种板厚	四条纵焊缝每米共收缩 0.2,焊透梁高收缩 1.0,每米加筋焊缝长度收缩 0.5
格沟式结构	屋架、托梁支架等轻质桁架	接头每个焊口为 1.0
	实腹柱及重型桁架	搭接、角接缝每米 0.25
圆筒形结构	板厚小于或等于 16	直缝每个接口周长收缩 1.0
	板厚大于或等于 16	直缝每个接口周长收缩 1.0

参 考 文 献

1 中华人民共和国机械工业部. 电焊工艺学. 北京：科学普及出版社，1984
2 郝纯孝，丁复信等编. 二氧化碳气体保护焊. 北京：机械工业出版社，1988
3 劳动部培训司组织编写. 焊工生产实习. 北京：中国劳动出版社，1987
4 天津市第一机械工业局主编. 电焊工必读. 天津：天津科学技术出版社，1981
5 美国焊接学会编著. 焊接手册. 黄静文等译. 北京：机械工业出版社，1988

内 容 提 要

本书主要内容包括弧焊电源、常用工具和用具及电焊条，电焊工操作技能训练，焊接结构生产，金属结构的焊接，焊工技能考核与管理，焊工安全知识，焊缝质量检验。书中内容通俗易懂，由浅入深，针对性强，特别注重实际操作技能训练，对操作技能相关知识也进行了简要说明。

本书可作为高等职业技能操作与实训教材，也可供焊工培训、自学使用。